# 주머니에 쏙~ 봄 꽃식물 찾기

길가나 산기슭

숲 속

물가나 습지 · 바닷가

주머니에 쏙~

# 계절별 꽃식물 시리즈 (전3권)

## 1 봄 꽃식물 찾기

- 고경식 · 김명화 · 서재철 · 구자익
- 150×75mm
- 228 페이지
- 정가 12,000원
- 총 205종

## 2 여름 꽃식물 찾기

- 고경식 · 김명화 · 서재철 · 구자익
- 150×75mm
- 328 페이지
- 정가 15,000원
- 총 302종

## 3 가을 겨울 꽃식물 찾기

- 고경식 · 김명화 · 서재철 · 구자익
- 150×75mm
- 204 페이지
- 정가 12,000원
- 총 180종

# [머리말]

우리 회사에서 간행된 『한국의 야생식물』이 여러 대학교와 연구기관 그리고 일반 독자들에게 많은 사랑을 받아 2003년에는 문화관광부 우수학술도서로 선정되는 영예를 안았다.

이 책은 『한국의 야생식물』을 토대로 우리나라 산과 들에서 볼 수 있는 야생꽃과 초등학교 교과서에 나오는 식물들을 전부 분석하여 『봄 꽃식물』, 『여름 꽃식물』, 『가을 · 겨울 꽃식물』을 계절별로 분류 · 보완하여 만들었다.

따라서 이 책을 통해 누구나 꽃이 피는 식물과 나무에 대해 쉽고 재미있게 이해할 수 있게 하였으며, 또한 휴대하기 좋은 판형으로 만들어 언제 어디서나 가지고 다니면서 활용할 수 있도록 하였다.

산기슭을 올라 중턱을 지나고 숲 속을 걷다가 또는 강가나 바닷가를 거닐다 어떤 꽃식물이 궁금할 때, 이 책을 펼치면 꽃이 피는 시기와 장소, 열매, 꽃에 대한 전설, 이름의 유래, 약초로서의 효능까지 그간의 숨은 이야기들을 들려줄 것이다.

나아가 이 책이 자연의 소박한 아름다움은 물론, 자연환경을 연구하는 계기가 되기를 바라며, 출간에 협조하여 주신 사진작가 여러 선생님께 감사드린다.

2010년 새봄
엮은이

## [차 례]

# 길가나 산기슭

# 가락지나물 *Potentilla kleiniana* [장미과]

줄기가 비스듬히 땅을 기고 윗부분이 곧게 선다. 뿌리에서 난 잎은 손바닥모양의 겹잎이며 긴 잎자루가 있다. 줄기잎은 3출 겹잎이며, 잎자루는 윗부분일수록 짧다. 작은 잎은 긴 타원형으로 끝이 둔하다.

노란색의 작은 꽃은 가지 끝에 집산 꽃차례를 이룬다.

* 여러해살이풀
* 줄기 : 20~40cm
* 개화 : 5~7월
* 열매 : 수과

들꽃 이야기

*산기슭 습지나 길가 응달에서 자란다. '쇠스랑개비'라고도 한다. 예전에 아이들이 이 꽃을 엮어 가락지를 만들며 놀았다고 하여 붙여진 이름이다.*

# 각시붓꽃 Iris rossii [붓꽃과]

뿌리줄기는 갈색 섬유질로 덮여 있다. 잎은 2줄로 어긋나고 잎몸은 곧게 서며 끝이 뾰족한 것이 특징이다.

꽃은 꽃줄기 끝에 1개씩 위를 향해 자주색으로 달리고, 꽃잎은 꽃받침보다 작으며 곧게 선다. 암술대는 둘로 깊게 갈라지며 꽃밥은 노란색이다.

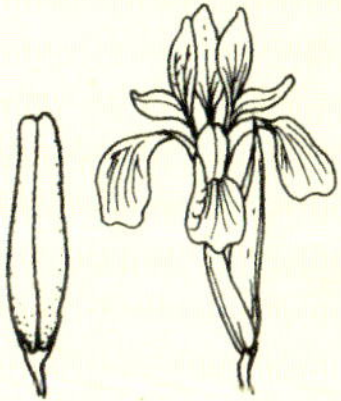


* 여러해살이풀
* 줄기 : 30~35cm
* 개화 : 4~5월
* 열매 : 삭과

들꽃 이야기

*산속 풀밭에서 자란다. 붓꽃 중 생김새가 가장 작고 각시처럼 예뻐서 각시붓꽃이라고 부른다. 학명인 '아이리스(Iris)'는 그리스 신화에 나오는 여신 이름이다.*

# 개나리 Forsythia koreana [물푸레나뭇과]

줄기는 옆으로 퍼지고, 가지 끝이 밑으로 처진다. 줄기 속은 수가 없이 비어 있다. 잎은 마주나고 잎몸은 긴 타원형이다. 깊게 3개로 갈라진 잎도 있다.

꽃은 잎보다 먼저 짙은 노란색으로 피며, 잎겨드랑이에 1~3개가 밑을 향해 달린다. 열매 표면에 돌기가 있고 검게 익는다.

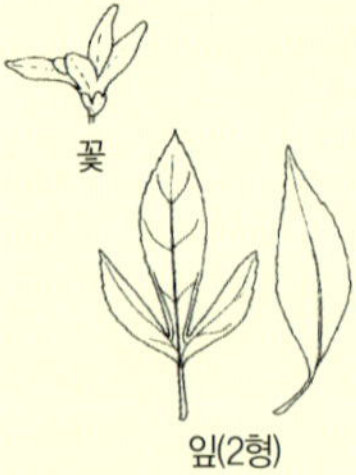


* 낙엽 관목
* 줄기 : 3m 정도
* 개화 : 4월
* 열매 : 삭과

**들꽃 이야기** *우리나라 고유종으로 산기슭 양지에서 자란다. 암꽃과 수꽃으로 구별되는데, 암술대가 수술대보다 긴 것이 암꽃이고, 수술대가 암술대보다 긴 것이 수꽃이다.*

# 개불알풀 Veronica didyma [현삼과]

두해살이풀로, 줄기는 땅을 기며 끝부분은 비스듬히 서고 짧은 털이 촘촘하다. 잎은 줄기 밑부분에서는 마주나지만 윗부분에서는 어긋난다. 잎 앞면은 털이 없으며 잎자루가 짧다.

담홍색의 꽃부리는 4개로 갈라진다. 2개의 수술과 1개의 암술이 있다.

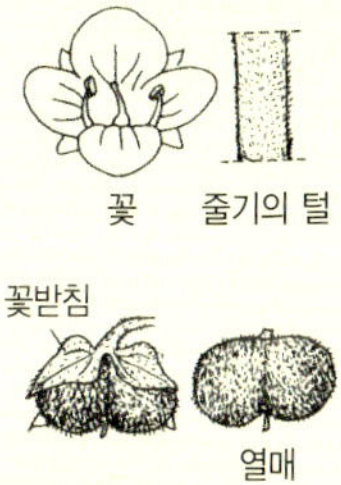


* 두해살이풀
* 줄기 : 7~15cm
* 개화 : 5~6월
* 열매 : 삭과

**들꽃 이야기** *울릉도와 서울, 경기도의 길가나 숲 속에서 자란다. 열매 가운데 부분에 세로로 깊은 홈이 있으며 양끝이 둥근데, 이 모습에서 개불알풀이라는 이름이 붙여졌다.*

# 개소시랑개비 Potentilla paradoxa [장미과]

줄기는 비스듬히 땅을 기며 털이 거의 없다. 잎은 어긋나며 홀수 깃모양 겹잎이고, 3~4쌍의 작은 잎으로 되어 있으며, 가장자리에 톱니가 나 있다. 턱잎은 달걀모양 피침형이고 끝이 뾰족하다.

노란 꽃은 가지 끝부분의 잎겨드랑이에 여러 개 달린다.

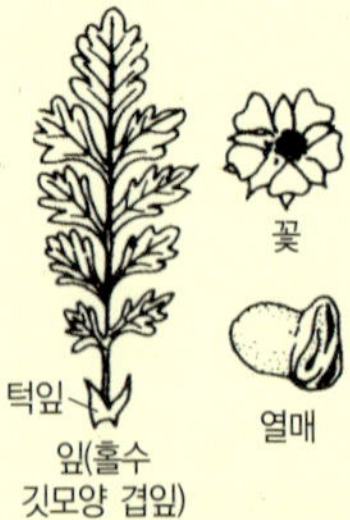


* 여러해살이풀
* 줄기 : 20~50cm
* 개화 : 5~7월
* 열매 : 수과

들꽃 이야기

*경북, 충남 이북의 풀밭이나 길가 응달에서 자란다. 꽃잎 길이가 2mm, 작은 잎이 2~3개인 좀개소시랑개비는 우리나라에서 자라는 양지꽃류 중에서 가장 꽃이 작다.*

# 개쑥갓 Senecio vulgaris [국화과]

줄기에 수분이 많고 잎몸은 불규칙하게 갈라진다. 잎 윗면은 윤기가 나는 짙은 녹색이며, 잎자루는 없거나 짧고 밑부분은 줄기를 감싼다.

꽃은 노란색 머리모양의 대롱꽃으로, 길이가 약 1cm이며, 일년 내내 꽃이 핀다. 열매의 갓털은 바람에 날린다.

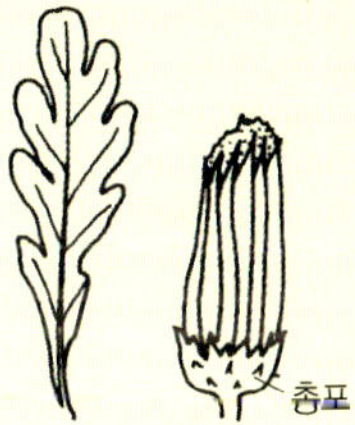


* 한두해살이풀
* 줄기 : 10~30cm
* 개화 : 봄~가을
* 열매 : 수과

들꽃 이야기

*길가, 빈터에서 볼 수 있다. '들쑥갓'이라고도 한다. 잎에서 독특한 향이 나는 쑥갓과 닮았지만, 꽃이 그리 아름답지 않고 쓰임새도 많지 않아 '개' 자를 붙여 부른다.*

## 게발선인장 Epiphyllum truncatus [선인장과]

붉은 자주색 꽃이 마디 끝에 1개 핀다. 다양한 색의 꽃이 피는 개량 품종이 많다. 서늘하며 습도가 낮을수록 많은 꽃이 핀다.

크리스마스선인장과 비슷한데, 크리스마스선인장은 줄기와 연결되는 부위의 가장자리가 무딘 톱날모양이고, 게발선인장은 날카로운 톱니모양이다.

잎

* 한해살이풀
* 줄기 : 30~50cm
* 개화 : 2~3월
* 열매 : 액과(장과)

**들꽃 이야기** *브라질 원산이며 관상용으로 키운다. 마디가 사방으로 뻗으며 자라는 모습이 마치 게의 발과 비슷하다고 하여 게발선인장이라는 이름이 붙여졌다.*

# 광대나물 Lamium amplexicaule [꿀풀과]

줄기는 밑부분에서 갈라져 뭉쳐난다. 잎은 마주나고, 밑부분의 잎에는 긴 잎자루가 있고, 중간 부분 이상의 잎에는 잎자루가 없다. 잎몸은 콩팥모양이다.

홍자색을 띤 입술모양의 꽃이 잎겨드랑이에 여러 개 촘촘히 돌려난다. 꽃받침은 뾰족하며 털이 있다.

* 두해살이풀

* 줄기 : 20~30cm

* 개화 : 4~5월

* 열매 : 분과

들꽃 이야기

*습한 길가나 밭둑에서 자란다. 홍자색의 꽃 색깔이 화려하여 '광대'라는 말을 붙여 부른다. 어린순은 나물로 먹고, 민간에서는 풀 전체를 코피를 멎게 하는 데 쓴다.*

# 구슬붕이 *Gentiana squarrosa* [용담과]

밑부분에서 줄기가 갈라진다. 뿌리에서 난 잎은 로제트모양을 이루고, 줄기잎은 마주나며 잎자루가 없다.

꽃은 연한 자주색으로 종모양이고 줄기 끝에 1개씩 위를 향해 달린다. 꽃부리는 5개로 갈라지거나 부편이 있어 10개처럼 보인다. 열매에 긴 자루가 있다.

* 두해살이풀
* 줄기 : 3~10cm
* 개화 : 5~6월
* 열매 : 삭과

**들꽃 이야기** *볕이 잘 드는 풀밭에서 자란다. 밑동에서 가지가 갈라져 포기를 이루며, 구슬 같은 꽃이 올망졸망하게 피어난 모습에 비유하여 붙여진 이름이다.*

# 금붓꽃 Iris savatieri [붓꽃과]

우리나라의 특산종이다. 뿌리줄기가 옆으로 벋으며, 꽃줄기나 잎이 여러 개 뿌리에서 뭉쳐난다. 잎은 밑부분에서 2줄로 얼싸안으며 어긋난다.

꽃줄기 끝에 노란색 꽃이 1개씩 위를 향해 피고, 꽃 밑에는 잎집모양의 포엽이 2~3개 있다. 열매는 긴 타원형이다.

전체 모양

* 여러해살이풀
* 줄기 : 10cm 정도
* 개화 : 4~5월
* 열매 : 삭과

들꽃 이야기

*서울, 경기도의 산기슭 풀밭에서 자란다. '노랑붓꽃, 애기노랑붓꽃'이라고도 부른다. 꽃 색깔이 금색, 즉 노란색을 띠어 금붓꽃이라는 이름이 붙여졌다.*

## 금창초 Ajuga decumbens [꿀풀과]

뿌리에서 난 잎은 로제트모양이며, 잎몸은 주걱모양이고 앞면은 녹색, 뒷면은 자색이다. 줄기잎은 긴 타원형이며, 밑부분이 좁아지면서 잎자루를 이룬다.

자주색 꽃이 잎겨드랑이에 여러 개가 돌려나며, 꽃부리는 입술모양이다. 열매에 그물눈무늬가 있다.

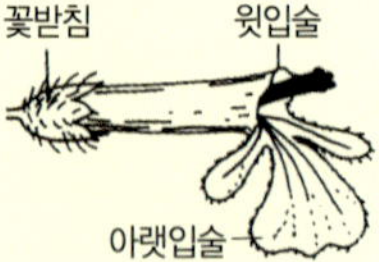


꽃

* 여러해살이풀
* 줄기 : 6cm 정도
* 개화 : 5~6월
* 열매 : 분과

들꽃 이야기

*제주도와 울릉도, 영호남 지방의 산기슭이나 풀밭에서 자란다. 민간요법으로 풀을 짓찧어 종기나 타박상 등의 상처에 붙인다. 이름의 '창'은 부스럼을 나타낸다.*

# 꽃다지 Draba nemorosa [십자화과]

줄기에 곧은 털과 별모양 털이 촘촘히 나 있다. 뿌리에서 난 잎은 넓은 주걱모양이며 로제트모양을 이룬다. 줄기의 잎은 좁은 달걀형이며 어긋나고 잎자루가 없다.

줄기 윗부분에 작은 십자모양의 노란색 꽃이 술모양 꽃차례를 이룬다. 열매 전체에 털이 있다.

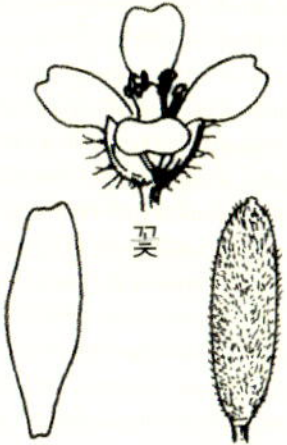


* 한두해살이풀
* 줄기 : 20~25cm
* 개화 : 4~6월
* 열매 : 각과

들꽃 이야기 *볕이 잘 드는 풀밭에서 자란다. 줄기 끝에 빽빽이 달린 노란 꽃이 마치 노란 금덩이, 즉 노다지처럼 보여서 꽃다지라는 이름이 붙었다고 한다.*

# 꽃마리 Trigonotis peduncularis [지칫과]

줄기 전체에 잔털이 있고, 줄기는 밑부분에서 여러 갈래로 갈라진다. 잎은 어긋나고 잎몸은 주걱모양이며, 어린잎을 비비면 오이 냄새가 난다.

꽃은 연한 남색이며 중심부는 노란색이다. 꽃은 아래부터 차례로 피어나며, 줄기 윗부분에서 술모양 꽃차례를 이룬다.

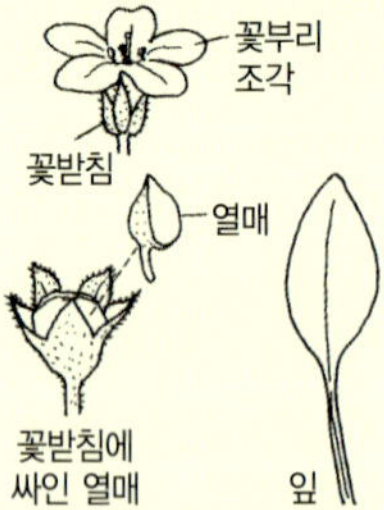


* 두해살이풀
* 줄기 : 10~30cm
* 개화 : 4~7월
* 열매 : 분과

들꽃 이야기

*들이나 밭둑, 길가에서 자란다. 작은 꽃들이 돌돌 말려 있다가 풀리듯이 피어나는 꽃봉오리의 생김새에 비유하여 '꽃말이'로 불리다가 '꽃마리'가 되었다.*

# 꽃바지 Bothriospermum tenellum [지칫과]

줄기는 비스듬히 땅을 기며, 잔털이 촘촘히 나 있다. 뿌리에서 난 잎은 주걱모양이고, 줄기의 잎은 긴 타원형이며 가장자리가 밋밋하다.

보라색 꽃은 윗부분의 포엽이나 잎겨드랑이에 1개씩 달려 술 모양 꽃차례를 이룬다. 꽃부리는 5개로 갈라져 수평으로 퍼진다.

* 한두해살이풀
* 줄기 : 30~40cm
* 개화 : 5~9월
* 열매 : 분과

**들꽃 이야기** *밭이나 길가, 풀밭에서 자란다. 꽃바지라는 이름은 꽃을 받치고 있는 포엽의 생김새에서 비롯되었다. 처음에는 '꽃받이'로 불리다가 '꽃바지'가 되었다.*

# 꽃잔디 Phlox subulata [꽃고빗과]

뿌리줄기가 길게 땅속을 벋는다. 줄기는 많은 가지가 갈라져 잔디같이 땅을 덮는다. 잎은 잎자루 없이 마주나며, 잎몸은 선 모양이고 끝이 뾰족하다.

줄기 윗부분에서 갈라진 3~4개의 가지 끝에 적자색, 자홍색, 분홍색 등을 띤 꽃이 1개씩 달린다. 꽃받침은 5개로 갈라진다.

* 여러해살이풀
* 줄기 : 10cm 정도
* 개화 : 4월
* 열매 : 삭과

들꽃 이야기

*미국 동부가 원산으로 관상용으로 심어 기른다. 꽃이 아름답고, 줄기에서 갈라진 가지가 잔디처럼 땅을 덮어서 꽃잔디라는 이름이 붙여졌다. '지면패랭이꽃'이라고도 한다.*

# 꿩의밥 Luzula capitata [골풀과]

줄기 여러 개가 뭉쳐난다. 뿌리에서 난 잎은 선모양이며, 가장자리에 흰 털이 있다. 줄기에 잎이 어긋나며, 대부분의 잎은 뿌리에서 난다.

꽃은 여러 개가 모여 줄기 끝에 1개 또는 2~3개가 머리모양 꽃차례를 이룬다. 꽃덮이는 적갈색이고 꽃밥은 노란색이다.

* 여러해살이풀
* 줄기 : 10~30cm
* 개화 : 4~5월
* 열매 : 삭과

들꽃 이야기

*산기슭의 볕이 잘 드는 풀밭에서 자란다. '꿩밥, 꿩의밥풀'이라고도 한다. 풀 전체 또는 열매를 '지양매'라 하여 약용하며, 씨는 달여 먹기도 한다.*

# 냉이 Capsella bursapastoris [십자화과]

전체적으로 털이 있다. 뿌리에서 난 잎은 깃모양으로 깊게 갈라지고 로제트모양이다. 줄기잎은 줄기를 안고 있다.

십자모양의 흰 꽃은 줄기 윗부분에 여러 개 피며 술모양 꽃차례를 이룬다. 꽃잎은 달걀모양이다. 열매에 긴 자루가 있고 20~30개의 흰 씨가 들어 있다.

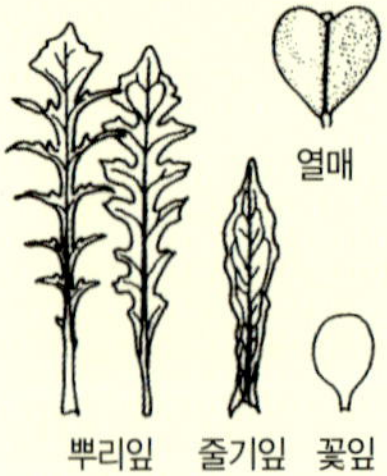


* 두해살이풀
* 줄기 : 20~30cm
* 개화 : 5~6월
* 열매 : 단각과

들꽃 이야기 *평지의 길가, 밭, 빈터에서 자란다. '나생이, 나숭게'라고도 한다. 어린순과 잎, 뿌리는 비타민 $B_1$과 C가 풍부하여 이른 봄 입맛을 돋우는 나물로 많이 먹는다.*

# 누운주름잎 Mazus miquelii [현삼과]

줄기 밑부분에서 벋은 긴 가지가 땅 위를 긴다. 뿌리에서 난 잎은 타원형이며 가장자리에 톱니가 있고, 줄기잎은 마주난다.

꽃은 자주색으로, 술모양 꽃차례로 달린다. 꽃부리의 윗입술은 2개로 갈라지고, 아랫입술은 3개로 갈라지며 분홍색 반점과 긴 털이 있다.

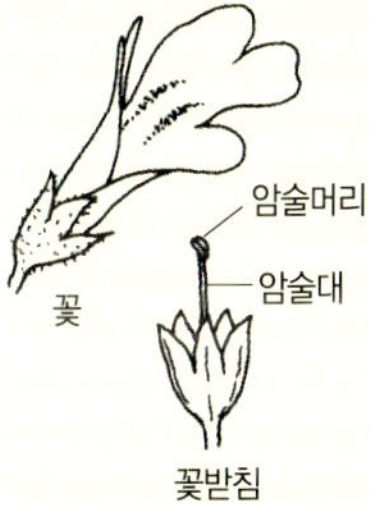


* 여러해살이풀
* 줄기 : 5~10cm
* 개화 : 5~8월
* 열매 : 삭과

들꽃 이야기

논두렁, 습지에서 자란다. 줄기 밑부분에서 벋은 가지가 땅에 누운 것처럼 땅 위를 기고, 잎에 주름이 많아서 누운주름잎이라는 이름이 붙여졌다.

# 댓잎현호색 Corydalis trutschaninovii for. linearis [현호색과]

땅속 깊이 둥근 덩이줄기가 있다. 줄기 윗부분에서 가지가 갈라지고 긴 잎자루가 있는 잎이 달린다.

자홍색 꽃은 가지 끝에 술모양 꽃차례로 달린다. 꽃잎은 4개인데, 겉쪽의 2개는 입술모양이고 가늘고 긴 며느리발톱이 있다. 수술은 6개, 암술은 1개이다.

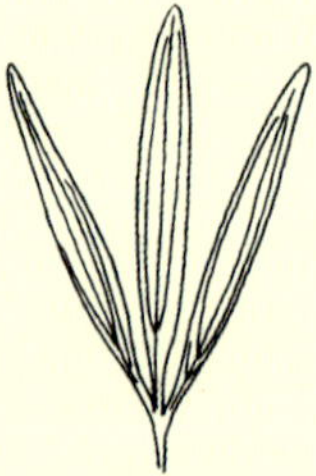

잎

* 여러해살이풀
* 줄기 : 15~20cm
* 개화 : 4월
* 열매 : 삭과

들꽃 이야기

*산기슭에서 자란다. 풀잎의 생김새가 댓잎을 닮아서 댓잎현호색이라는 이름이 붙었다. 덩이줄기는 한방에서 진통제나 타박상 등의 약재로 쓴다.*

# 댕댕이덩굴 Cocculus trilobus [새모래덩굴과]

어린 가지는 녹색이며 잔털이 있다. 잎은 어긋나고, 잎몸은 달걀모양이며 가장자리가 밋밋하지만 끝이 얕게 3개로 갈라지는 것도 있고, 양면 특히 뒷면에 잔털이 많다.

꽃은 황백색으로 여러 개가 잎겨드랑이에 원뿔 꽃차례를 이룬다. 열매는 검은색으로 익는다.

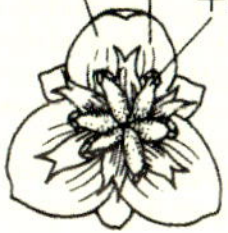

수꽃

* 여러해살이 덩굴식물
* 줄기 : 3m 정도
* 개화 : 5~6월
* 열매 : 핵과

**들꽃 이야기** *울릉도, 제주도와 황해도 이남 산기슭이나 길가에서 흔하게 자란다. '댕강넝쿨'이라고도 한다. 한방에서 줄기와 뿌리 말린 것을 '목방기'라고 하는데, 이것을 약재로 쓴다.*

## 데이지 Bellis perennis [국화과]

수염뿌리가 사방으로 퍼진다. 잎은 뿌리에서 나오고, 달걀을 거꾸로 세운 주걱모양이다. 잎 가장자리가 밋밋하고 톱니가 있다.

꽃자루 끝에 흰색, 연한 붉은색, 홍자색의 머리모양 꽃이 1개 피며 밤에는 오므라든다. 꽃은 혀꽃이 1줄인 것부터 전체가 혀꽃인 것 등 다양하다.

* 여러해살이풀
* 줄기 : 5~10cm
* 개화 : 5~7월
* 열매 : 수과

**들꽃 이야기** *관상용으로 널리 심는다. 유럽에서는 잎을 먹는다. 우리나라의 주문진, 속초, 강릉 일대 동해안에서 볼 수 있다. 꽃말은 '희망, 평화'이다.*

# 둑새풀 Alopecurus amurensis [벼과]

논밭에 무리지어 자란다. 줄기는 곧게 서며 털이 없다. 잎은 백록색을 띠며 털이 없다.

줄기 끝의 이삭꽃차례에 여러 개의 잔이삭이 촘촘히 모여 있고, 잔이삭은 1개의 작꽃으로 이루어진다. 꽃밥은 처음에는 연한 푸른색이지만, 점점 갈색으로 변한다.

* 한두해살이풀
* 줄기 : 30~40cm
* 개화 : 4~6월
* 열매 : 영과

들꽃 이야기

*논밭에서 자란다. '뚝새풀'이라고도 한다. 소의 먹이로 쓰이고, 꽃이 핀 것은 소가 먹지 않는다. 한방에서 뿌리를 제외한 부분을 약재로 쓴다.*

## 들현호색 Corydalis ternata [현호색과]

뿌리줄기는 옆으로 벋고, 덩이줄기는 염주처럼 이어져 있다. 줄기는 뭉쳐나며, 잎은 어긋나고 잎몸은 3출 겹잎이다.

자홍색 꽃은 줄기 끝에서 술 모양 꽃차례를 이룬다. 꽃잎은 4개 중 바깥쪽의 2개는 크고, 한쪽 끝은 구부러진 며느리발톱이다.

잎과 꽃차례

* 여러해살이풀
* 줄기 : 10~15cm
* 개화 : 4월
* 열매 : 삭과

**들꽃 이야기**

*들이나 산기슭에서 자란다. '들에서 피는 현호색'이라는 뜻으로 붙여진 이름이다. 우리나라 특산종으로 경기도 광릉 등지에 분포한다.*

# 등대풀 Euphorbia helioscopia [대극과]

줄기를 자르면 흰 유액이 나온다. 잎은 어긋나고, 잎몸은 주걱 모양이며 가장자리에 가느다란 잔 톱니가 있다.

꽃은 줄기 끝부분에서 번은 가지 끝마다 등잔모양 꽃차례로 달린다. 꽃차례는 가장자리에 4개의 꿀샘이 있다. 열매는 익으면 3개로 갈라진다.

* 두해살이풀
* 줄기 : 20~50cm
* 개화 : 5월
* 열매 : 삭과

**들꽃 이야기** *경기도 이남의 풀밭이나 길가에서 자란다. 여러 개의 꽃차례가 줄기 윗부분에 모여 있는 모양이 마치 등대처럼 보여서 등대풀이라고 부른다.*

## 등심붓꽃 Sisyrinchium atlantium [붓꽃과]

줄기는 편평하고 좁은 날개가 있다. 잎몸은 선모양이며, 밑부분은 잎집으로 줄기를 감싼다.

줄기 끝에 있는 2개의 포엽 사이에서 벋어난 꽃자루에 보라색 또는 흰색 꽃이 1개씩 우산모양 꽃차례로 달린다. 꽃은 하루 만에 시든다. 6개의 꽃덮이조각은 짙은 보라색 줄무늬가 있다.

* 여러해살이풀
* 줄기 : 10~30cm
* 개화 : 5~6월
* 열매 : 삭과

**들꽃 이야기** *북아메리카 원산으로, 제주도에 귀화하여 길가나 잔디밭에서 흔히 볼 수 있다. 학명은 '좁은 잎과 돼지가 좋아하는 뿌리를 가진 식물'이라는 뜻을 가지고 있다.*

## 떡쑥 Gnaphalium affine [국화과]

전체가 흰 솜털로 덮여 있다. 잎은 주걱모양이며 가장자리가 밋밋하고 잎자루가 없다. 뿌리에서 난 잎은 꽃이 필 때 말라 죽는다.

노란색의 대롱꽃만인 머리모양 꽃이 빽빽하게 산방 꽃차례를 이룬다. 열매에 황백색 갓털이 있다.

* 두해살이풀
* 줄기 : 20~30cm
* 개화 : 5~6월
* 열매 : 수과

**들꽃 이야기** *밭둑이나 볕이 잘 드는 길가에서 자란다. '괴쑥, 솜쑥'이라고도 한다. 봄에 뿌리잎을 캐서 떡을 만들 때 함께 넣어 먹는 데서 떡쑥이라는 이름이 붙여졌다.*

## 띠 Imperata cylindrica [볏과]

뿌리줄기가 땅속을 길게 벋는다. 줄기 마디에 긴 흰 털이 돌려난다. 잎은 선모양이며 긴 털이 있다.

원뿔 꽃차례에 잔이삭이 달리며, 잔이삭 자루의 길이가 긴 것과 짧은 것이 쌍을 이룬다. 뿌리줄기는 한방에서 이뇨제, 지혈제, 발한제로 쓴다.

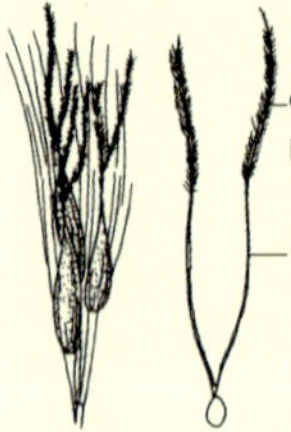


* 여러해살이풀
* 줄기 : 30~80cm
* 개화 : 5~6월
* 열매 : 영과

들꽃 이야기

*강가나 산기슭의 볕이 잘 드는 풀밭에서 자란다. '삘기'라는 어린 꽃이삭은 단맛이 난다. 한방에서 뿌리줄기를 '모근'이라고 하여 약재로 쓴다.*

# 매화 Prunus mume [장미과]

나무껍질은 노란빛 흰색, 초록빛 흰색, 붉은색 등이다. 잎은 어긋나고 달걀모양이거나 넓은 달걀모양이다.

꽃은 연한 붉은빛 흰색으로 잎보다 먼저 핀다. 꽃받침조각은 5개로 둥근 모양이고, 꽃잎은 여러 개로 넓은 거꿀달걀모양이다. 수술이 많다.

열매

* 낙엽 소교목
* 줄기 : 5~10m
* 개화 : 4월
* 열매 : 핵과

들꽃 이야기 *봄을 가장 먼저 알려 주는 꽃으로 알려져 있다. 열매를 '매실'이라고 한다. 시나 그림의 소재로 자주 등장한다. 꽃말은 '높은 인격, 기품'이다.*

# 머위 Petasites japonicus [국화과]

뿌리의 잎은 꽃이 진 다음 난다. 잎몸은 콩팥모양이며 뒷면에 흰 털이 있다.

꽃자루에 대롱꽃만이 머리모양 꽃차례를 이룬다. 수그루의 꽃은 황백색, 암그루의 꽃은 흰색이다. 암꽃만인 꽃차례는 열매를 맺고, 양성 꽃과 암꽃이 섞인 꽃차례는 열매를 맺지 않는다.

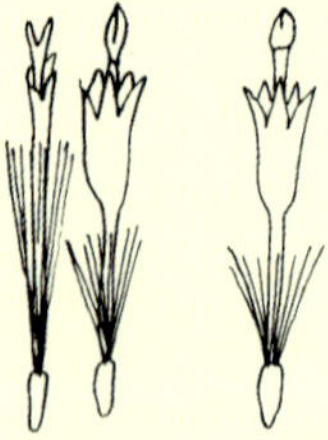


* 여러해살이풀
* 줄기 : 1~1.5m
* 개화 : 4월
* 열매 : 수과

들꽃 이야기

*울릉도, 제주도와 황해도, 경기도 이남 산기슭의 습지나 응달진 빈터에서 자란다. 잎자루는 날로 먹는다. 꽃이삭은 식용하거나 약용한다.*

## 모란 Paeonia suffruticosa [미나리아재빗과]

잎은 3출 겹잎이며 긴 잎자루가 있다. 작은 잎은 윗부분이 3~5개로 얕게 갈라지며 밑부분은 둥글다.

지름 10~25cm의 꽃이 가지 끝에 1개씩 달린다. 꽃받침조각은 5개, 꽃잎은 여러 개이며 끝이 물결모양이다. 암술은 3~5개, 수술은 여러 개이다.

* 낙엽 관목
* 줄기 : 1~2m
* 개화 : 5월
* 열매 : 골돌과

**들꽃 이야기** *중국 서북부가 원산이다. '목단'이라고도 한다. 관상 또는 약용 식물로서 약 1500년 전부터 심어 키운 것으로 알려져 있다. 많은 원예 품종이 있다. 꽃말은 '부귀'이다.*

# 무 Raphanus sativus [십자화과]

원기둥모양의 뿌리 윗부분은 줄기이며 경계가 뚜렷하지 않다. 뿌리잎은 어긋나며 깃꼴 겹잎이고 털이 있다.

꽃줄기가 자라 가지를 치며, 그 밑에 총상 꽃차례가 달린다. 꽃은 연자주색 또는 흰색이다. 암술 1개, 수술 6개이다. 꼬투리에 2~10개의 씨가 있다.

* 한두해살이풀
* 줄기 : 60~100cm
* 개화 : 4~5월
* 열매 : 각과

들꽃 이야기

*배추, 고추와 함께 3대 채소이다. 비타민 C가 많아 겨울철의 비타민 공급원이다. 뿌리에 효소가 있어 소화가 잘 된다. 김치, 깍두기, 무말랭이, 단무지 등을 만들어 먹는다.*

# 미나리아재비 Ranunculus japonicus [미나리아재빗과]

줄기에 흰 털이 촘촘하며 속이 비어 있다. 뿌리에서 난 잎은 긴 잎자루가 있으며, 줄기의 잎은 자루가 없다.

짙은 노란색 꽃은 3~4개가 산방 꽃차례로 달리고, 꽃받침조각은 5개이다. 꽃잎은 윤이 나고 밑부분에 1개의 꿀샘이 있다. 열매에 1개의 씨가 들어 있다.

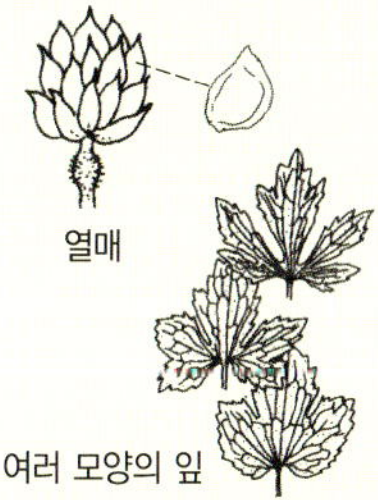


* 여러해살이풀
* 줄기 : 30~70cm
* 개화 : 5~6월
* 열매 : 집합과(수과)

**들꽃 이야기** *산기슭의 볕이 잘 드는 풀밭, 논둑, 밭둑에서 자란다. 풀에 독이 있으나 한방에서는 뿌리를 제외한 부분을 '모랑'이라고 하여 약재로 쓴다. 어린순은 먹는다.*

## 민들레 Taraxacum platycarpum [국화과]

잎은 뿌리에서만 나고, 잎몸은 로제트모양으로 땅 위에 퍼진다.

꽃자루 끝에 노란색 혀꽃만인 머리모양 꽃차례가 1개씩 위를 향해 달린다. 꽃자루는 처음에 흰 털로 덮였다가 차차 없어진다. 열매는 갈색이고 갓털은 흰색이다. 열매와 갓털 사이에 긴 부리가 있다.

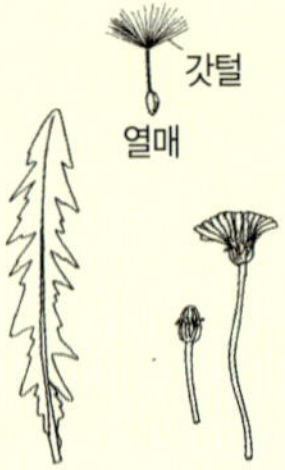


* 여러해살이풀
* 줄기 : 10~13cm
* 개화 : 4~5월
* 열매 : 수과

들꽃 이야기

*볕이 잘 드는 들이나 길가에서 자란다. 한방에서 꽃피기 전의 민들레를 약재로 쓴다. 민간에서는 산모의 젖을 빨리 나오게 하는 약재로 쓰기도 한다.*

# 뱀딸기 Duchesnea chrysantha [장미과]

줄기가 땅을 기며 무리지어 자란다. 잎은 긴 잎자루가 있는 3출 겹잎이며, 뒷면은 잎맥을 따라 털이 있다.

잎겨드랑이에 노란색 꽃이 피며, 꽃잎은 5개이다. 수술은 20개, 암술은 여러 개이다. 꽃턱이 비대해진 즙이 많은 붉은 열매가 여러 개 달린다.

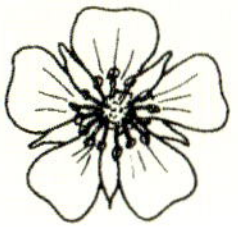

* 여러해살이풀
* 줄기 : 20cm 정도
* 개화 : 4~5월
* 열매 : 수과

들꽃 이야기

*밭둑이나 습한 풀밭에서 자란다. 뱀이 풀숲을 기듯이, 줄기가 땅 위를 긴다고 하여 붙여진 이름이다. 한자 이름은 '사매(蛇 : 뱀사, 莓 : 딸기매)'이다.*

# 버드나무 Salix koreensis [버드나뭇과]

어린 가지는 회갈색을 띠며 거의 털이 없다. 잎몸은 끝이 짧게 뾰족하고 가장자리에 잔톱니가 있으며 뒷면은 회백색이다.

암수그루가 다르며 꽃은 잎과 함께 핀다. 수꽃에 2개의 수술과 2개의 꿀샘이 있고 꽃밥은 적갈색이다. 암술대는 끝이 2개로 갈라진다.

* 낙엽 활엽 교목
* 줄기 : 20m 정도
* 개화 : 4월
* 열매 : 삭과

들꽃 이야기 *전국 곳곳의 하천 유역이나 산기슭, 인가 주변에서 흔히 자란다. '버들, 뚝버들'이라고도 한다. 가로수와 풍치목으로 심는다. 열매를 '버들개지'라고 부른다.*

# 번음씀바귀 Ixeris japonica [국화과]

줄기를 자르면 흰 유액이 나온다. 뿌리줄기는 옆으로 길게 벋는다. 뿌리에서 난 잎은 로제트 모양으로 퍼진다. 잎몸은 주걱 모양이며, 가장자리는 밋밋하거나 불규칙한 톱니모양이다.

노란색 혀꽃만인 머리모양 꽃차례가 줄기 끝에 달린다. 갓털은 흰색이다.

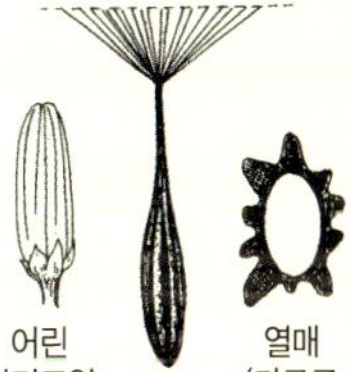


* 여러해살이풀
* 줄기 : 10~30cm
* 개화 : 5~7월
* 열매 : 수과

들꽃 이야기 *논두렁이나 길가, 풀밭 등의 습지에서 자란다. 뿌리가 옆으로 벋으며 마디마다 새로운 줄기가 나오는 씀바귀라고 하여 붙여진 이름이다.*

## 벌씀바귀 Ixeris polycephala [국화과]

줄기에 털이 없고 자르면 유액이 나온다. 뿌리에서 난 잎은 끝이 뾰족하고 밑부분이 좁으며, 가장자리에 몇 개의 톱니가 있다. 줄기잎은 선모양의 피침형이고 밑부분은 화살모양이다.

노란색 혀꽃으로만 이루어진 머리모양 꽃차례는 줄기 끝에 우산모양으로 달린다.

* 한두해살이풀
* 줄기 : 15~40cm
* 개화 : 5~7월
* 열매 : 수과

**들꽃 이야기** *밭 주변이나 산기슭의 풀밭에서 자란다. 확 트인 벌판에서 자란다는 뜻으로 '벌' 자를 넣어 벌씀바귀라는 이름이 붙여졌다.*

# 벼룩나물 Stellaria alsine [석죽과]

줄기가 가늘며 잎과 더불어 털이 없다. 잎은 마주나고 잎몸은 긴 타원형이다.

꽃은 가지 끝에 1개씩 흰색으로 피며, 꽃잎은 깊게 갈라져서 10개로 보인다. 꽃받침조각과 꽃잎은 거의 길이가 같다. 열매는 익으면 6개로 갈라지고, 씨는 짙은 갈색으로 잔돌기가 있다.

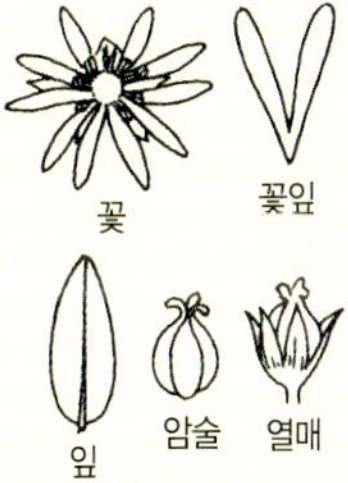


* 두해살이풀
* 줄기 : 15~20cm
* 개화 : 4~5월
* 열매 : 삭과

**들꽃 이야기** *빈터나 논둑, 밭둑에서 자란다. '개미바늘'이라고도 한다. 줄기 밑에서 가지가 많이 갈라져서 퍼지기 때문에 커다란 포기로 자란 것처럼 보인다.*

## 벼룩이자리 Arenaria serpyllifolia [석죽과]

가는 줄기에 밑을 향한 흰 털이 있다. 잎은 마주나며 잎자루가 없고, 달걀형 또는 타원형이다.

잎겨드랑이에 흰 꽃이 1개씩 달리고, 꽃받침조각은 5개이다. 꽃잎은 5개이고 꽃받침조각보다 짧다. 수술은 10개, 암술은 3개이며 열매는 익으면 6개로 갈라진다.

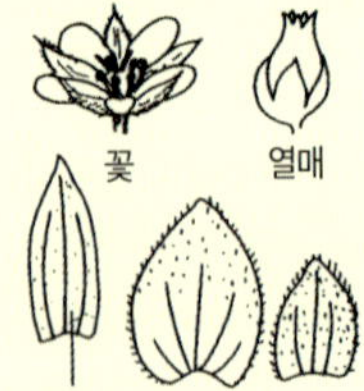


* 두해살이풀
* 줄기 : 10~25cm
* 개화 : 4~5월
* 열매 : 삭과

**들꽃 이야기** *길가나 밭둑, 풀밭에서 자란다. 잎이 매우 작고 오밀조밀 모여 있는 것이 마치 벼룩을 닮았다고 하여 붙여진 이름이다. 북한에서는 '모래별꽃'이라고 한다.*

# 별꽃 Stellaria media [석죽과]

줄기 한쪽에만 연한 털이 줄지어 있다. 잎은 마주나고 잎몸은 끝이 뾰족하다. 아랫부분의 잎은 잎자루가 있지만, 윗부분의 잎은 잎자루가 없다.

꽃은 줄기나 가지 끝에 3~4개씩 흰색으로 달리고, 꽃잎은 5개로 밑부분까지 깊게 갈라진다. 씨에 잔돌기가 있다.

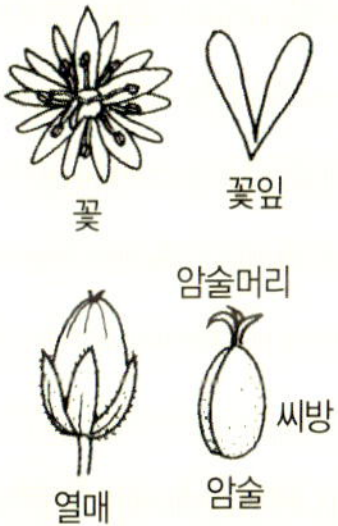


* 두해살이풀
* 줄기 : 10~20cm
* 개화 : 5월
* 열매 : 삭과

**들꽃 이야기** *길가나 밭둑에서 자란다. 하얗게 피어난 꽃이 마치 땅에 눈부신 별이 뿌려진 것처럼 보인다고 하여 별꽃이라는 이름이 붙여졌다.*

## 복숭아꽃 Prunus persica [장미과]

어린 가지는 자갈색 또는 녹색이며 털이 없다. 오래된 나무껍질은 진한 자갈색이며 불규칙하게 세로로 갈라진다. 잎은 어긋나고 잎몸은 타원모양 피침형이며, 끝이 뾰족하다.

꽃은 지난해의 잎겨드랑이에 달리며, 잎보다 먼저 또는 잎과 거의 함께 핀다.

열매

* 낙엽 소교목
* 줄기 : 4~5m
* 개화 : 4월
* 열매 : 핵과

들꽃 이야기

*중국 서북구 황하 상류 지역이 원산인 과일나무이다. '복사꽃'이라고도 한다. 현재 세계적으로 널리 재배되고 있는 것은 유럽 품종들이다.*

# 봄망초 Erigeron philadelphicus [국화과]

줄기 속이 비어 있다. 머리모양 꽃차례는 꽃봉오리일 때 밑으로 처진다. 혀꽃이 대롱꽃 둘레에 3줄로 늘어선다.

뿌리에서 난 잎은 꽃이 필 때도 남아 있으며, 양면에 털이 있다. 줄기잎의 밑부분은 줄기를 감싼다. 갓털은 흰색 또는 연한 갈색을 띤다.

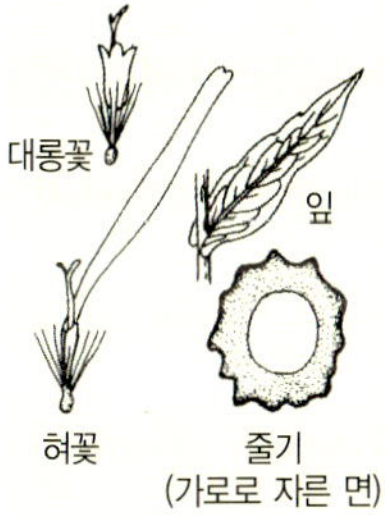


* 여러해살이풀

* 줄기 : 30~80cm

* 개화 : 5~6월

* 열매 : 수과

들꽃 이야기 *들이나 빈터에서 자란다. 망초는 강한 번식력을 가지고 있어 농부에게 성가신 풀이다. 그래서 '농사를 망치는 풀'이라고 하여 붙여진 이름이다.*

## 봄맞이꽃 Androsace umbellata [앵초과]

잎은 뿌리에서 로제트모양으로 난다. 잎몸은 둥글고 잎자루에 털이 있다.

잎 사이에서 난 꽃줄기에 5~10개의 흰 꽃이 우산모양 꽃차례를 이룬다. 꽃자루는 길이 2~4cm이다. 꽃받침조각은 5개, 수술은 5개이다. 녹색 열매는 꽃받침에 싸여 5개로 갈라진다.

* 한두해살이풀
* 줄기 : 10~20cm
* 개화 : 4~5월
* 열매 : 삭과

들꽃 이야기

*산기슭 풀밭이나 밭둑에서 자란다. 이른 봄에 꽃을 피워 '봄맞이꽃'이라고 부른다. 또 일찍이 싹을 틔운 잎이 동전 같은 구릿빛을 띠어 '동전초'라고 부르기도 한다.*

# 봄여뀌 Persicaria vulgaris [마디풀과]

줄기는 곧게 또는 비스듬히 서고 갈색이다. 잎은 어긋나고, 잎몸은 피침형으로 짙은 녹색이고 앞뒷면에 털이 있다.

꽃은 줄기 끝이나 잎겨드랑이에 이삭모양 꽃차례를 이룬다. 꽃자루에 샘점이 있다. 분홍색 꽃받침은 5개로 깊게 갈라진다. 열매는 세모진 흑갈색이다.

* 한해살이풀
* 줄기 : 30~80cm
* 개화 : 4~8월
* 열매 : 수과

들꽃 이야기

*논두렁이나 밭둑, 인가 주변에서 자란다. 우리나라에서 자라는 여뀌 종류 중에서 가장 일찍 봄을 맞이하며 꽃을 피워 봄여뀌라고 부른다.*

## 뽀리뱅이 Youngia japonica [국화과]

줄기에 부드러운 털이 촘촘하다. 뿌리에서 난 잎은 로제트모양으로 퍼지며, 잎몸은 깃모양으로 깊게 갈라진다. 줄기잎은 잎몸 밑부분이 줄기를 감싼다.

노란색 혀꽃만으로 이루어진 머리모양 꽃이 산방모양 꽃차례를 이룬다. 열매는 납작하며 갓털은 흰색이다.

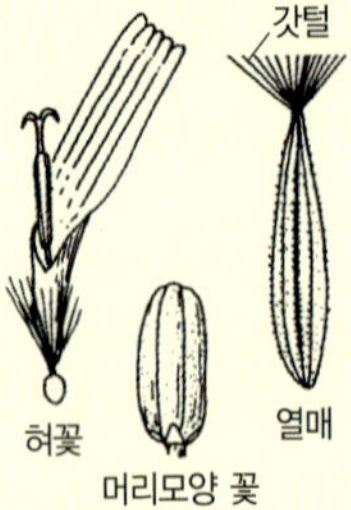


* 한두해살이풀

* 줄기 : 20~80cm

* 개화 : 5~6월

* 열매 : 수과

**들꽃 이야기** *들이나 논밭의 둑, 길가, 풀밭에서 자란다. '황가채, 박조가리나물'이라고도 한다. 식량이 없어 보리 수확을 기다리며 나물을 뜯었다고 하여 뽀리뱅이(보리뱅이)라고 부른다.*

# 산자고 Tulipa edulis [백합과]

달걀모양의 비늘줄기가 갈색 섬유질에 싸여 있다. 잎몸은 선 모양이며 마주난다. 꽃자루 밑 부분에 포엽이 있다.

꽃줄기 끝에 흰 꽃이 1개씩 위를 향해 피고, 6개의 흰 꽃덮이 조각에는 진한 자색 줄무늬가 있다. 열매는 세모지고 녹색을 띤다.

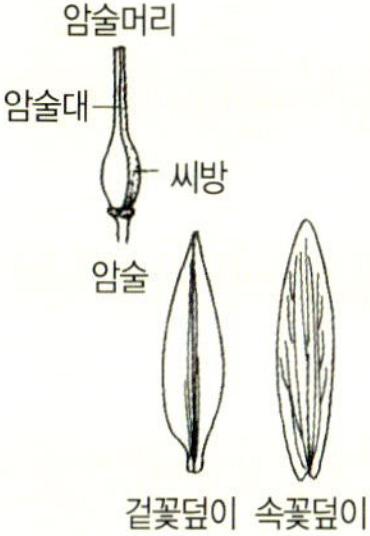


* 여러해살이풀
* 줄기 : 15~30cm
* 개화 : 4월
* 열매 : 삭과

들꽃 이야기

*제주도와 경기도, 전남의 볕이 잘 드는 풀밭에서 자란다. 풀 전체를 먹으며, 한방에서는 비늘줄기를 종기를 없애고 종양을 치료하는 약재로 쓴다.*

# 새포아풀 Poa annua [볏과]

줄기는 밑부분에서 갈라져 뭉쳐나며, 잎은 털이 없이 매끄럽다. 꽃은 원뿔 꽃차례를 이루고, 꽃차례의 가지는 수평으로 벋으며 마주난다.

잔이삭은 타원형의 달걀모양으로, 3~6개의 잔꽃이 있으며 연한 녹색을 띠고, 어떤 것은 간혹 홍자색을 띠기도 한다.

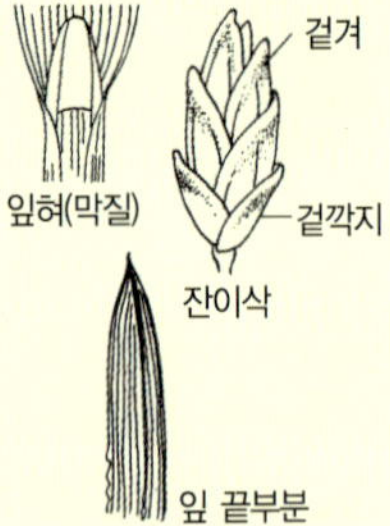


* 한두해살이풀
* 줄기 : 10~25cm
* 개화 : 5~9월
* 열매 : 영과

들꽃 이야기

*길가나 들에서 자란다. 식물 이름에 붙은 '새'는 기준이 되는 식물보다 못났거나 모양이 다를 때 붙인다. 미국 켄터키 주의 토박이 풀이라고 알려져 있다.*

# 서양갓 Brassica juncea [십자화과]

전체에 털이 없고 줄기는 백록색을 띤다. 꽃차례 밑부분에 달리는 포엽은 진한 녹색이고, 갓과는 달리 가장자리가 밋밋하고 폭이 좁은 긴 타원형이다.

지름 10mm 정도의 노란 꽃이 줄기 윗부분에 느슨하게 술모양 꽃차례를 이룬다. 수술 6개 중 4개는 길다. 씨는 갈색이다.

* 두해살이풀
* 줄기 : 50~100cm
* 개화 : 4~5월
* 열매 : 장각과

들꽃 이야기

*길가나 밭둑, 빈터 등에서 무리 지어 자란다. 경인 지방에서 볼 수 있는 귀화 식물이다. 갓은 서양갓의 변종이며, 서양갓은 갓에 비해 모양이 왜소하지만 꽃은 크다.*

# 서양민들레 Taraxacum officinale [국화과]

잎은 뿌리에서만 난다. 로제트 모양을 이룬 뿌리잎 사이에서 꽃자루가 벋는다.

꽃자루 끝에 노란색 혀꽃만이 위를 향해 1개씩 달린다. 봄에서 초가을에 걸쳐 꽃이 피고, 총포의 바깥쪽 조각은 뒤로 젖혀진다. 열매는 갈색이며, 갓털은 흰색으로 수평으로 퍼진다.

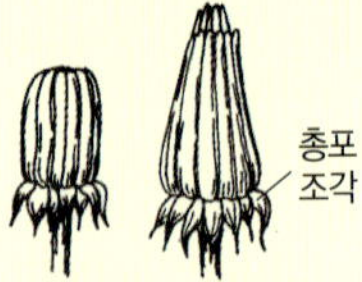


머리모양 꽃

* 여러해살이풀
* 줄기 : 8~15cm
* 개화 : 3~9월
* 열매 : 수과

들꽃 이야기 유럽이 원산지인 귀화식물로, 도시 주변이나 농촌 길가에서 흔히 볼 수 있다. 유럽에서는 잎을 샐러드로 먹고, 뉴질랜드에서는 뿌리를 커피 대용으로 먹는다.

# 서울제비꽃 Viola seoulensis [제비꽃과]

잎몸은 달걀형이며 가장자리에 둔한 톱니가 있다. 잎은 전체적으로 보라색을 띠고 양면에 잔털이 있다. 잎자루는 뿌리에서 여러 개 뭉쳐난다.

꽃은 진한 보라색이며, 꽃잎은 맥이 뚜렷하다. 며느리발톱은 편평하다. 열매에 털이 없는 점이 털제비꽃과 구별된다.

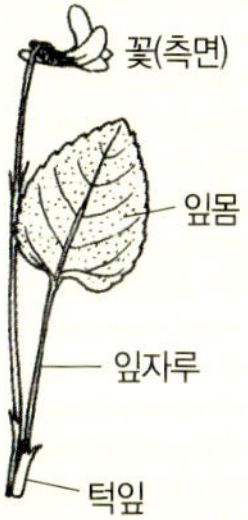


* 여러해살이풀

* 줄기 : 6~8cm

* 개화 : 4~5월

* 열매 : 삭과

**들꽃 이야기** *중부 지방 이북으로 볕이 잘 드는 산기슭이나 숲 가장자리에서 드물게 자라며, 우리나라 고유 식물이다. 서울에서 처음 발견되었다고 하여 서울제비꽃이라고 부른다.*

# 선개불알풀 Veronica arvensis [현삼과]

잎은 마주난다. 잎몸은 삼각모양의 달걀형으로 가장자리에 3~4쌍의 굵은 톱니가 있고, 양면에 털이 빽빽하다.

잎겨드랑이에 꽃자루가 없는 청자색 꽃이 1개씩 달리며, 꽃부리는 4개로 깊게 갈라진다. 꽃받침과 열매에 샘털이 있다. 씨는 20개 정도이다.

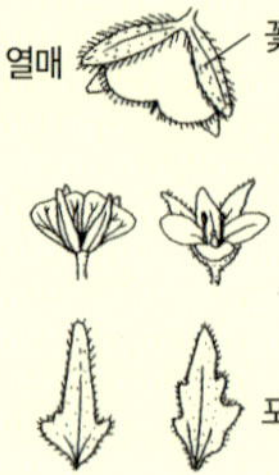


* 한두해살이풀
* 줄기 : 10~30cm
* 개화 : 5~6월
* 열매 : 삭과

**들꽃 이야기** *울릉도와 제주도, 경기도 이남의 볕이 잘 드는 길가나 풀밭에서 자란다. 꽃이나 열매에 자루가 없는 점이 개불알풀이나 큰개불알풀과 구별된다.*

# 선씀바귀 Ixeris chinensis [국화과]

줄기는 곧게 서며, 잎은 뿌리에서 로제트모양으로 모여 난다. 잎은 줄기에 없거나 1~2개가 있으며, 잎몸은 부드럽고 흰빛이 돈다.

혀꽃만인 머리모양 꽃차례가 가지마다 흰색 또는 연한 자주색으로 1개씩 산방모양을 이룬다. 갓털은 흰색이다.

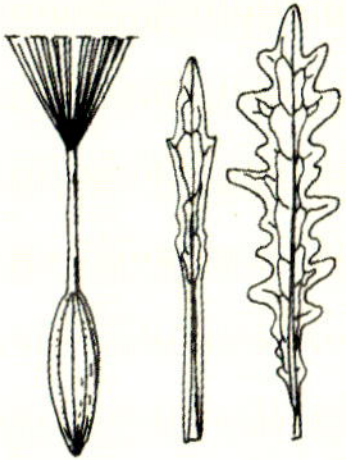


* 여러해살이풀

* 줄기 : 20~40cm

* 개화 : 5~6월

* 열매 : 수과

**들꽃 이야기** *산기슭 풀밭이나 강둑, 잔디밭에서 자란다. 어린 선씀바귀나 뿌리는 나물로 먹는다. 줄기가 곧게 선다고 하여 선씀바귀라는 이름이 붙여졌다.*

# 세잎양지꽃 Potentilla freyniana [장미과]

잎은 3개의 작은 잎으로 이루어져 있다. 작은 잎은 긴 타원형이며 가장자리에 톱니가 있고, 앞면에는 털이 없으나 뒷면 맥 위에는 털이 있다.

꽃은 줄기 끝에 7~10개가 산방 꽃차례를 이루며, 노란 꽃잎은 5개이다. 열매는 털이 없고 노란 갈색을 띤다.

* 여러해살이풀
* 줄기 : 15~30cm
* 개화 : 4~5월
* 열매 : 수과

들꽃 이야기 *제주도를 포함하여 전국 평지나 산기슭의 풀밭, 밭둑에서 흔하게 자란다. 양지꽃 중에서 작은 잎이 3장으로 된 겹잎이어서 세잎양지꽃이라고 부른다.*

# 소나무 Pinus densiflora [소나뭇과]

줄기는 곧게 서고 윗부분의 나무껍질은 적갈색, 밑부분은 짙은 갈색이다. 거북 등처럼 깊게 갈라진다. 바늘잎이 2개씩 뭉쳐나며, 밑부분은 연갈색의 막질 비늘잎에 싸여 있다.

꽃은 새로 자란 가지의 밑부분에 여러 개의 수꽃이, 윗부분에는 몇 개의 암꽃이 달린다.

암꽃

수꽃

잎

* 상록 교목
* 줄기 : 40m 정도
* 개화 : 5월
* 열매 : 구과

**들꽃 이야기** *구릉지나 산지에서 흔하게 자란다. 꽃가루(송홧가루)로 다식을 만들며, 껍질은 송기떡을 만든다. 예로부터 장수, 절개와 의지를 나타내는 상징으로 쓰여 왔다.*

## 솔잎사초 Carex biwensis [사초과]

줄기가 둔하게 세모지고 매끄러우며 여러 개가 뭉쳐난다. 잎은 줄기보다 짧고, 잎집은 흑자색으로 실처럼 잘게 갈라진다.

잔이삭이 줄기 끝에 1개씩 달리고 위에는 수꽃이, 아래에는 암꽃이 촘촘히 있다. 암꽃 비늘조각은 적갈색을 띠며, 넓은 타원형을 이룬다.

* 여러해살이풀

* 줄기 : 15~30cm

* 개화 : 5월

* 열매 : 수과

들꽃 이야기

*제주도를 포함하여 산기슭의 물가나 응달진 습지에서 자란다. 곧은 줄기 여러 개가 뭉쳐난 것이 솔잎을 닮았다고 하여 붙여진 이름이다.*

# 솜나물 Leibnitzia anandria [국화과]

뿌리줄기가 짧고, 잎은 뿌리에서 나서 로제트모양을 이루며, 뒷면은 흰 털이 촘촘하다. 봄의 잎은 여름에서 가을의 잎보다 크기가 작다.

봄형 꽃은 혀꽃과 대롱꽃으로 이루어지며 혀꽃은 흰색이다. 가을형 꽃은 대롱꽃만이다. 열매는 갈색 또는 흑자색이다.

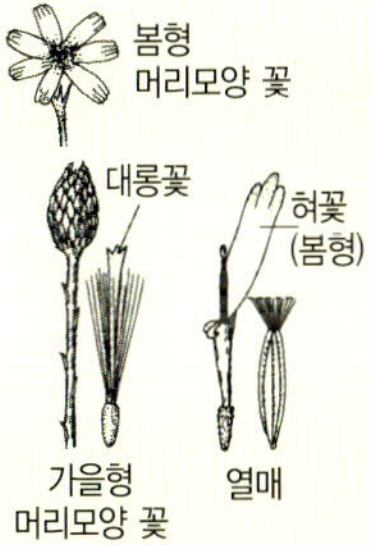


* 여러해살이풀
* 줄기 : 10~20cm
* 개화 : 4~9월
* 열매 : 수과

들꽃 이야기

*산기슭이나 볕이 잘 드는 풀밭에서 자란다. 어린 풀이 흰 섬유질로 덮여 있어 솜나물이라고 부른다. 솜이 귀할 때 잎을 말려 부싯깃솜으로 써서 '부싯깃나물'이라고도 한다.*

## 솜방망이 Senecio integrifolius [국화과]

줄기에 거미줄 같은 긴 털이 촘촘하다. 뿌리에서 난 잎은 로제트모양이며, 밑부분은 좁아지면서 잎자루 모양을 이룬다. 줄기잎은 잎자루가 없다.

대롱꽃과 혀꽃으로 이루어진 노란색 머리모양 꽃차례가 우산모양으로 줄기 끝에 달린다. 갓털은 대롱꽃보다 길다.

* 여러해살이풀
* 줄기 : 20~50cm
* 개화 : 4~5월
* 열매 : 수과

**들꽃 이야기** *산기슭의 볕이 잘 드는 풀밭, 밭둑에서 자란다. '구설초, 풀솜나물'이라고도 한다. 풀 전체가 거미줄 같은 흰 털로 덮여 있다.*

# 솜양지꽃 Potentilla discolor [장미과]

전체적으로 흰 털이 촘촘히 나서 회백색을 띤다. 뿌리는 덩어리모양으로 굵고 길며, 날것으로 먹을 수 있다. 뿌리에서 난 잎은 3~7개의 작은 잎으로 이루어진 깃모양 겹잎이고, 작은 잎은 긴 타원형이다.

꽃은 줄기 윗부분에 취산 꽃차례를 이루며 노랗게 핀다.

* 여러해살이풀
* 줄기 : 10~30cm
* 개화 : 4~8월
* 열매 : 수과

**들꽃 이야기** *산기슭의 볕이 잘 드는 풀밭이나 강가의 모래땅에서 자란다. '번백초, 뽕구지, 계퇴근'이라고도 한다. 잎의 표면을 제외한 풀 전체에 솜 같은 털이 빽빽하여 하얗게 보인다.*

# 쇠별꽃 Stellaria aquatica [석죽과]

줄기 밑부분은 땅을 기며 잔털이 있고, 윗부분에는 샘털이 있다. 잎은 마주나고, 밑부분에는 잎자루가 있지만 윗부분에는 잎자루가 없다.

가지 끝과 잎겨드랑이에 흰 꽃이 1개씩 달린다. 꽃이 지면 꽃자루가 밑으로 처지며, 꽃잎은 깊게 갈라져서 10개로 보인다.

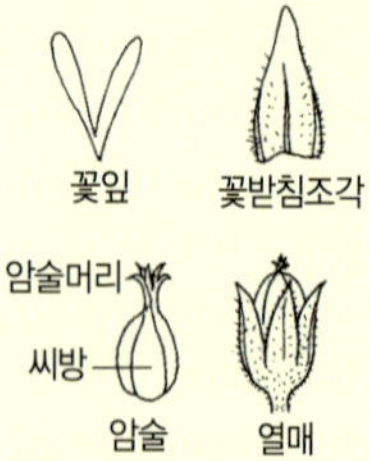


* 두해살이 또는 여러해살이풀
* 줄기 : 20~50cm
* 개화 : 4~5월
* 열매 : 삭과

**들꽃 이야기** *도랑가나 밭둑에서 자란다. '계아장, 번루, 콩버무리'라고도 한다. 별꽃보다 커서 쇠별꽃이라는 이름이 붙여졌다. 쇠별꽃의 암술머리는 5갈래로 갈라져 바람개비처럼 보인다.*

# 수영 Rumex acetosa [마디풀과]

줄기가 녹색 또는 홍자색을 띠며 신맛이 난다. 뿌리에서 난 잎은 긴 타원형이며, 밑부분은 갈라져서 화살모양이다. 줄기의 잎은 어긋나고 짧은 잎자루가 있지만 윗부분에는 없다.

꽃은 녹색이고 암수 그루가 다르다. 수꽃의 꽃밥은 노란색이고 암술머리는 붉은색이다.

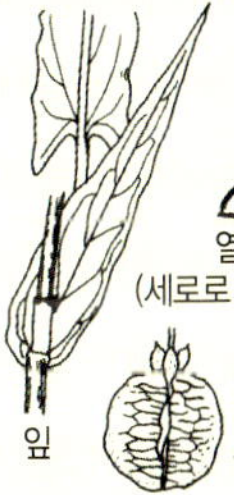


* 여러해살이풀
* 줄기 : 30~40cm
* 개화 : 5~6월
* 열매 : 수과

들꽃 이야기

*길가나 빈터에서 자란다. '괴승애, 시금초, 괴싱아, 산시금치, 산모'라고도 한다. 열매는 가장자리가 붉고 안쪽은 녹색이며, 둥글둥글하면서도 납작하게 생겼다.*

# 씀바귀 Ixeris dentata [국화과]

줄기를 자르면 흰 유액이 나온다. 전체적으로 털이 없으며 뿌리잎은 넓은 피침형이며, 밑부분은 자루모양으로 가늘다. 줄기에서 나는 잎은 윗부분이 줄기를 감싼다.

노란색 혀꽃만인 머리모양 꽃차례는 줄기 끝에 우산모양으로 달린다. 열매는 짙은 갈색이다.

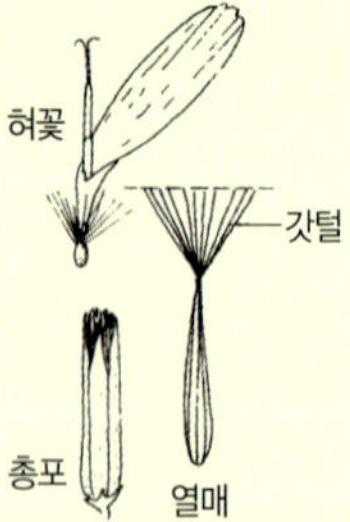


* 여러해살이풀

* 줄기 : 20~50cm

* 개화 : 5~6월

* 열매 : 수과

**들꽃 이야기** *산속이나 볕이 잘 드는 풀밭에서 자란다. 고채, 씸배나물이라고도 한다. 뿌리에서 쓴맛이 나서 씀바귀라고 부른다. 이른 봄 뿌리와 어린순을 나물로 먹는다.*

# 아카시아 Robinia pseudoacacia [콩과]

뿌리는 길게 옆으로 벋는다. 가지에 가시가 있고 잎자루 밑부분에 턱잎이 변한 가시가 1쌍 있다. 잎은 홀수 깃모양 겹잎이며 어긋난다.

꽃은 새로 자란 가지의 잎겨드랑이에 술모양 꽃차례로 나비모양의 흰 꽃이 밑으로 처지며 빽빽이 달린다.

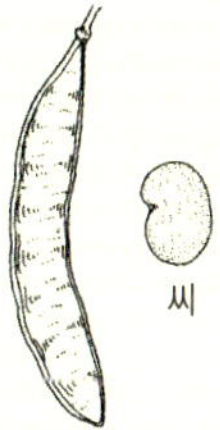


* 낙엽 교목
* 줄기 : 15~20m
* 개화 : 5월
* 열매 : 꼬투리

들꽃 이야기

*산과 들에서 자란다. 꽃향기가 매우 강하며, 꽃에서 꿀을 채취한다. 흔히 말하는 아카시아는 북아메리카가 원산지인 '아까시나무'를 가리킨다.*

## 애기똥풀 Chelidonium majus [양귀비과]

독이 있으며, 전체가 분백색을 띤다. 긴 흰 털이 드문드문 나고, 줄기를 자르면 황갈색 유액이 나온다. 잎은 어긋나며 잎몸은 1~2회 깊게 깃모양으로 갈라진다.

노란색 꽃이 줄기 끝에 우산모양 꽃차례를 이룬다. 꽃받침 조각은 꽃이 핀 후에 떨어진다.

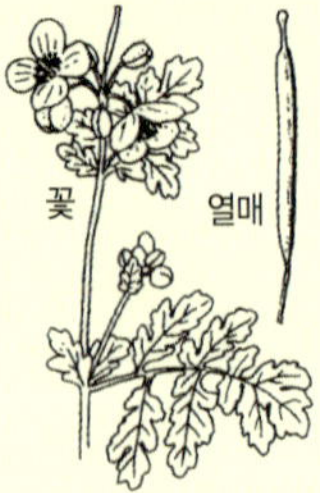


* 두해살이풀
* 줄기 : 30~50cm
* 개화 : 5~8월
* 열매 : 삭과

들꽃 이야기 볕이 잘 드는 숲 가장자리나 빈터에서 자란다. 황갈색 유액이 어린이 똥 같아 애기똥풀이라고 부른다. 민간에서는 부스럼이나 습진에 황갈색 유액을 바른다.

# 애기수영 Rumex acetosella [마디풀과]

잎이 뿌리에서 여러 개 뭉쳐나고, 밑부분은 갈라져 화살모양으로 퍼진다. 줄기잎은 자루가 짧다.

꽃은 암수 그루가 다르며, 줄기 끝에 원뿔 꽃차례를 이룬다. 수꽃은 붉고, 암꽃은 수꽃보다 작으며 암술머리는 적색이고 술 모양으로 잘게 갈라진다.

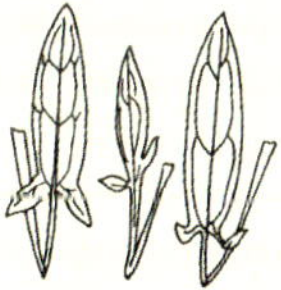

여러 가지 잎 모양

* 여러해살이풀
* 줄기 : 20~50cm
* 개화 : 5~6월
* 열매 : 수과

들꽃 이야기

*볕이 잘 드는 시골 길가나 풀밭에서 자란다. 수영과 생김새가 비슷하지만, 수영보다 작아서 애기수영이라는 이름이 붙여졌다. 줄기와 잎에서 신맛이 난다.*

# 애기중의무릇 Gagea japonica [백합과]

중의무릇과 비슷하지만 비늘줄기는 넓은 달걀모양이며, 흑갈색이다. 잎은 1개이며 선모양이고 끝이 뾰족하다.

노란색 꽃은 줄기 끝에서 갈라진 꽃자루에 1개씩 위를 향해 달린다. 꽃덮이조각은 긴 타원형이다. 수술 6개, 암술 1개이며 암술머리는 3개로 갈라진다.

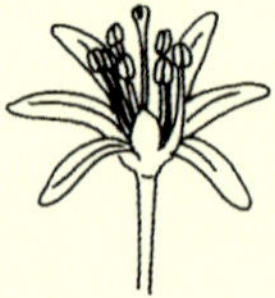

꽃

* 여러해살이풀

* 줄기 : 5~15cm

* 개화 : 4월

* 열매 : 삭과

들꽃 이야기

*경기도 이북의 산기슭 양지나 또는 습지, 응달에서도 자란다. 중의무릇과 비슷하지만 키가 작다. 중의무릇과 함께 제주도와 울릉도에는 자생하지 않는다.*

## 애기풀 Polygala japonica [원지과]

줄기는 뿌리에서 여러 개 뭉쳐나며, 거의 털이 없다. 잎은 어긋나고, 가죽질의 긴 타원형으로 가장자리가 밋밋하다.

줄기 윗부분의 잎겨드랑이에 연한 자주색의 나비모양 꽃이 술모양 꽃차례를 이룬다. 열매 둘레에 날개가 있고, 씨는 흑갈색이다.

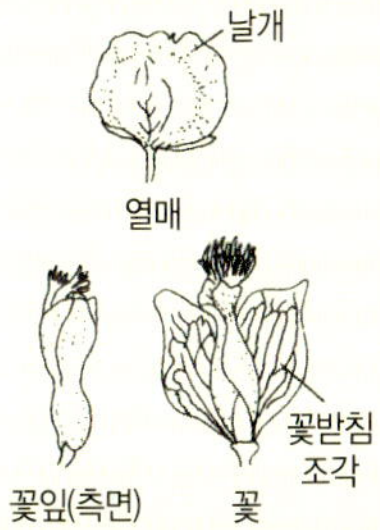


* 여러해살이풀
* 줄기 : 6~25cm
* 개화 : 4~5월
* 열매 : 삭과

들꽃 이야기 *산기슭의 볕이 잘 드는 풀밭에서 자란다. 전체적으로 키가 작고 줄기가 연약한 것을 아기에 비유하여 애기풀이라는 이름이 붙여졌다고 한다.*

## 애기현호색 Corydalis trutschaninovii for. fumariaefolia [현호색과]

덩이줄기가 달리며 줄기는 1개이다. 아랫부분의 잎은 비늘조각 모양이다. 잎은 어긋나고 잎자루가 길며 1~2회 3출 겹잎이다. 작은 잎은 깃모양으로 잘게 갈라진다.

자주색 꽃은 줄기 끝에 총상꽃차례로 달린다. 꽃의 통부분 한쪽에 꿀주머니가 있다.

잎(깃모양 겹잎)

* 여러해살이풀
* 줄기 : 15~20cm
* 개화 : 4~5월
* 열매 : 삭과

들꽃 이야기

*경기도 광릉, 천마산의 평지 풀밭, 산기슭의 나무그늘에서 자란다. 한방에서 덩이줄기에 진통을 없애는 작용과 항궤양 효과가 있어 위경련 등에 약재로 쓴다.*

# 양지꽃 Potentilla fragarioides [장미과]

줄기가 비스듬히 선다. 뿌리에서 난 잎은 로제트모양이며, 5~15개의 작은 잎은 깃모양 겹잎이다. 턱잎은 넓은 피침형을 이루고, 가장자리가 밋밋하며 끝이 뾰족하다.

노란색 꽃은 줄기 끝에 10개 정도가 산방 꽃차례를 이룬다. 열매는 세로로 잘게 주름진다.

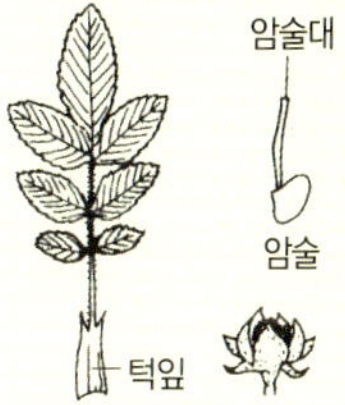


잎(홀수 깃모양 겹잎) 열매를 싼 꽃받침

* 여러해살이풀
* 줄기 : 30~50cm
* 개화 : 5~6월
* 열매 : 수과

들꽃 이야기

*산중턱 이하 볕이 잘 드는 산기슭이나 풀밭에서 흔하게 자란다. 봄에 볕이 잘 드는 양지바른 산과 들에서 잘 자라 붙여진 이름이라고 한다.*

# 연리초 Lathyrus quinquenervius [콩과]

줄기는 녹색이며 양측에 날개가 있다. 잎은 어긋나고, 잎몸은 1~3쌍의 작은 잎으로 이루어지며, 깃모양이다. 잎자루 밑부분에 양끝이 뾰족한 턱잎이 있다.

꽃은 자홍색으로, 꽃자루에 4~6개가 술모양 꽃차례를 이룬다. 꼬투리는 긴 타원형이며 털이 없다.

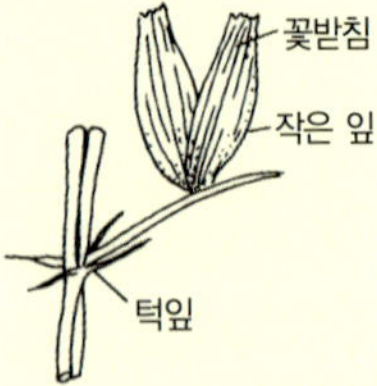


* 여러해살이풀
* 줄기 : 30~60cm
* 개화 : 5월
* 열매 : 꼬투리

**들꽃 이야기** *경기도 이북의 산기슭 습지나 냇가에서 자란다. 콩과에 속하며 꼬투리를 맺는다. 어린 순은 나물로 먹고, 한방에서 풀 전체를 신장염에 약재로 쓴다.*

# 왜제비꽃 Viola japonica [제비꽃과]

뿌리줄기가 짧다. 긴 잎자루가 있는 잎이 여러 개 뿌리에서 뭉쳐난다. 잎은 삼각모양 달걀형이다.

꽃은 연자주색 또는 분홍색이며, 긴 꽃자루 끝에 1개씩 밑을 향해 달린다. 꽃받침조각은 녹색이다. 꽃잎은 둥글고, 짙은 보라색 줄무늬가 있다.

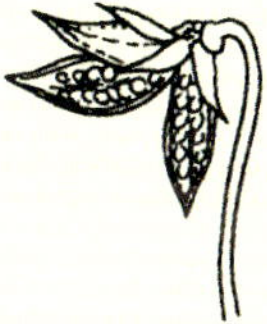

갈라진 열매

* 여러해살이풀

* 줄기 : 7~10cm

* 개화 : 4월

* 열매 : 삭과

**들꽃 이야기** *경기도, 강원도 이남, 제주도의 산기슭이나 들에서 자란다. 학명 'japonica'에서 짐작할 수 있듯이, 일본이 분포의 중심지여서 왜제비꽃이라고 부른다.*

# 유채 Brassica rapa [십자화과]

줄기는 털이 없고 매끄럽다. 줄기 밑부분의 잎은 잎자루가 있고 잎몸은 깃모양으로 갈라지거나 갈라지지 않는다. 줄기 윗부분의 잎은 잎자루가 없고 잎몸은 깃모양으로 갈라지지 않는다.

줄기 윗부분에 노란색 십자모양의 꽃이 핀다. 꽃잎은 거꿀달걀모양이다.

* 두해살이풀
* 줄기 : 1m 정도
* 개화 : 4월
* 열매 : 장각과

들꽃 이야기

*씨에서 기름을 채취하기 위해 또는 밀원 식물로 예로부터 남부 지방에서 재배되었다. 우리나라에서 1962년부터 유료 작물로서 본격적으로 재배하였다.*

# 자주괴불주머니 Corydalis incisa [현호색과]

줄기는 곧게 선다. 잎몸은 2~3회 깊게 갈라진 3출 겹잎이다. 작은 잎은 다시 깊게 갈라져 밑부분이 쐐기모양이나.

꽃은 자홍색이며, 4개의 꽃잎 중에서 윗부분의 것이 가장 크고, 뒷부분은 길게 며느리발톱으로 벋어 있다. 열매는 녹색이고, 씨는 검은색이다.

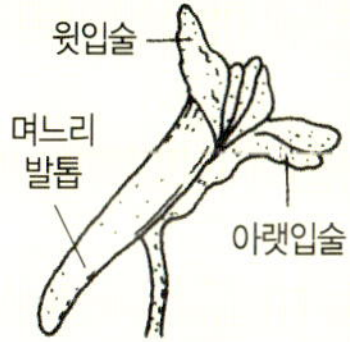

꽃

* 두해살이풀
* 줄기 : 20~50cm
* 개화 : 5월
* 열매 : 삭과

**들꽃 이야기** *남부 지방의 숲 속이나 산기슭에서 자란다. 자주색 꽃이 괴불주머니(색 헝겊에 솜을 넣고 수를 놓아 만든 조그만 노리개)를 닮아 붙여진 이름이다.*

# 자주달개비 Tradescantia reflexa [닭의장풀과]

기둥모양의 줄기는 연한 청록색을 띠며 여러 개가 뭉쳐난다. 잎은 어긋나며, 잎몸은 넓은 선모양으로 심하게 굽는다. 잎 끝은 뾰족하고 밑부분은 잎집을 이루어 줄기를 싼다.

가지 끝에 여러 개의 꽃이 모여 핀다. 꽃은 진한 보라색을 띤다. 긴 수술대에 자주색 털이 있다.

* 여러해살이풀
* 줄기 : 50cm 정도
* 개화 : 5월
* 열매 : 삭과

들꽃 이야기

*북아메리카 원산이며, 관상용으로 뜰에 흔히 심는다. '양달개비, 자주닭개비, 자로초'라고도 한다. 닭의장풀과 비슷하지만 꽃의 색이 닭의장풀보다 짙어서 붙여진 이름이다.*

# 잔디 Zoysia japonica [볏과]

땅 위를 기는 줄기는 마른 잎집에 싸여 있으며, 마디마다 줄기와 뿌리가 돋는다. 꽃줄기 밑부분에서 잎이 뭉쳐나며, 잎은 길이 5~8cm, 폭 2~5mm이다.

잔꽃 여러 개가 줄기 끝에서 이삭 꽃차례를 이룬다. 잔이삭은 길이 3mm, 폭 1.5mm이다. 암술머리는 둘로 갈라지며 깃털모양이다.

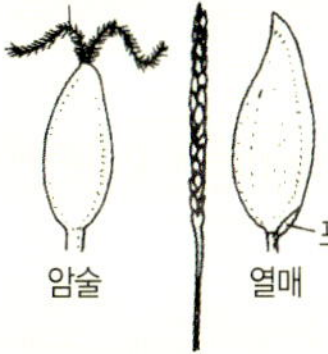


* 여러해살이풀
* 줄기 : 10~15cm
* 개화 : 5~6월
* 열매 : 영과

들꽃 이야기

*볕이 잘 드는 평지 길가나 풀밭에서 자란다. 재생력이 강하며, 조경을 위해 심거나 무덤이나 언덕과 제방에 심어 흙이 무너지지 않게 한다.*

# 장다리꽃 [십자화과]

가을에 씨를 뿌린 배추와 무는 새로 난 싹이 이듬해 봄에 새순이 돋는데, 새순에서 꽃줄기인 장다리가 돋아나 자란다.

꽃줄기 윗부분에서 총상 꽃차례가 발달하면서 꽃이 핀다. 무에는 엷은 보라색 꽃이, 배추에는 유채꽃과 비슷한 노란색 꽃이 핀다.

* 한두해살이풀
* 줄기 : 30~100cm
* 개화 : 4~5월
* 열매 : 각과

들꽃 이야기

*무와 배추에서 돋은 꽃줄기를 '장다리'라고 하며, 상추에서 돋은 줄기는 '동'이라고 한다. 무 장다리 열매는 맵고, 배추 장다리 열매는 비릿하며 매운맛이 적다.*

# 장미 Rosa spp [장미과]

줄기에 가시가 있다. 잎은 어긋나고 3~7개의 작은 잎으로 된 깃꼴 겹잎이다. 작은 잎은 타원형, 긴 타원형, 긴 달걀모양이다.

꽃은 흔히 흰색, 노란색, 오렌지색, 분홍색, 붉은색을 띠며, 1개씩 피거나 작게 무리지어 피고, 보통 5장의 꽃잎으로 되어 있다. 꽃향기가 좋다.

* 관목 또는 덩굴 식물
* 줄기 : 2~3m
* 개화 : 5~6월
* 열매 : 삭과

들꽃 이야기

*꽃밭이나 온실에서 재배한다. 품종에 따라 꽃이 피는 시기와 기간이 다르고, 홑꽃에서 겹꽃까지 빛깔과 모양에 많은 변이가 있다. 꽃말은 '사랑, 애정, 행복한 사랑'이다.*

# 점나도나물 Cerastium holosteoides [석죽과]

줄기는 흑자색을 띠며, 잔털이 있고 윗부분에 샘털이 있다. 잎은 마주나고 잎자루가 없으며 양면에 털이 있다.

꽃은 5개의 흰 꽃잎으로 이루어져 있으며, 꽃잎은 끝이 얕게 갈라진다. 꽃받침은 꽃잎과 길이가 거의 같다. 황갈색 열매에 톱니가 있다.

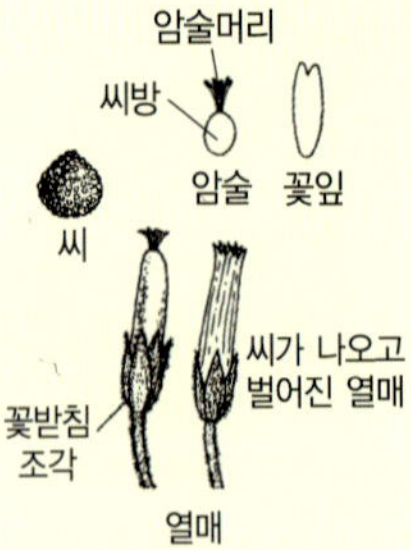


* 두해살이풀
* 줄기 : 15~30cm
* 개화 : 5~6월
* 열매 : 삭과

**들꽃 이야기** *밭둑이나 길가에서 자란다. '이채, 권이, 파파 지갑채'라고도 한다. '이채'는 잎 모양이 쥐 귀(耳)와 비슷하고 어린순은 나물(菜)로 먹을 수 있어서 붙여진 이름이다.*

# 제비꽃 Viola mandshurica [제비꽃과]

뿌리가 두꺼우며 황갈색 또는 흑갈색을 띤다. 잎몸은 긴 타원형이며, 잎자루가 길고 양쪽에 좁은 날개가 있으며, 줄기는 없다.

꽃은 짙은 보라색을 띠며, 간혹 꽃잎이 흰색을 띠고, 자주색 줄무늬가 있는 것도 있다. 며느리발톱은 길이 5~8mm로 끝이 뾰족하다.

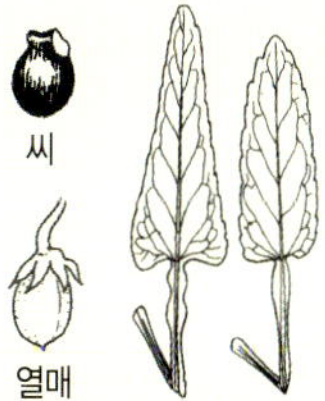


* 여러해살이풀
* 줄기 : 5~20cm
* 개화 : 4~5월
* 열매 : 삭과

들꽃 이야기

*산기슭, 평지 길가, 밭둑, 풀밭에서 자란다. 꽃 모양이 제비 같다고 하여 붙여진 이름이다. 또 제비가 우리나라를 찾을 때쯤 꽃이 피어 붙여졌다고도 한다.*

# 조개나물 Ajuga multiflora [꿀풀과]

줄기에 흰색의 긴 털이 촘촘하다. 잎은 마주나고 잎자루는 거의 없다. 잎몸은 타원형이며 가장자리에 물결모양의 잔 톱니가 있다.

꽃은 짙은 자색으로, 잎겨드랑이에 여러 개가 층층으로 모여난다. 꽃부리는 입술모양이며, 꽃받침은 대롱모양이다.

꽃이 층층이 달린 총상 꽃차례

* 여러해살이풀
* 줄기 : 15~25cm
* 개화 : 5~6월
* 열매 : 분과

들꽃 이야기

*볕이 잘 드는 산기슭 풀밭에서 자란다. 활짝 핀 꽃 모양이 입을 벌린 조개를 닮아 조개나물이라고 부른다. 한방에서 꽃이 달린 원줄기와 잎을 약재로 쓴다.*

# 좀냉이 Cardamine parviflora [십자화과]

줄기는 가늘며 털이 없다. 잎은 어긋나며 긴 잎자루가 있다. 잎몸은 7~9개의 작은 잎으로 이루어진 깃모양 겹잎이다.

꽃은 흰색이며, 봄부터 늦가을까지 계속 핀다. 꽃받침조각과 꽃잎은 각각 4개이며, 꽃잎은 길이 2mm 정도이다. 씨 둘레에 날개가 있다.

* 두해살이풀
* 줄기 : 7~15cm
* 개화 : 4월
* 열매 : 장각과

**들꽃 이야기** *응달진 빈터나 뜰에서 자란다. 키가 작거나 꽃이 작은 풀 이름에 보통 '좀'이라는 말을 붙이는데, 좀냉이는 꽃잎 길이가 2mm 정도로 아주 작다.*

# 주름잎 Mazus pumilus [현삼과]

누운주름잎과는 달리 가지가 땅을 기지 않고, 곧게 벋는다. 잎은 마주난다.

꽃은 연한 자주색이며, 줄기 윗부분에 입술모양의 꽃이 술모양 꽃차례로 달린다. 꽃부리의 윗입술은 2개, 아랫입술은 3개로 갈라지며, 가운데 윗면에 노란 반점이 있다.

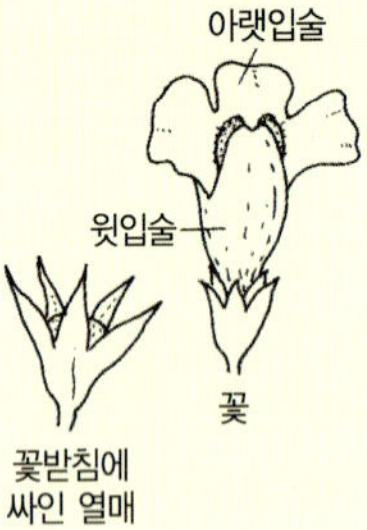


* 한해살이풀
* 줄기 : 5~15cm
* 개화 : 5~8월
* 열매 : 삭과

들꽃 이야기

*논, 밭둑이나 습지에서 흔하게 자란다. 잎에 주름이 많아서 주름잎이라는 이름이 붙여졌다. 또 고추밭에서 흔하게 눈에 띄어 고추풀이라고 부르기도 한다.*

# 중의무릇 Gagea lutea [백합과]

비늘줄기는 길이 10~15mm 정도 되는 달갈형이며, 노란빛 갈색을 띤다. 잎은 어느 정도 육질이다. 꽃줄기 윗부분에 2개의 포엽이 있으며, 밑부분의 포엽이 윗부분의 포엽보다 길다.

꽃은 노란색으로, 꽃줄기 끝에 우산모양 꽃차례를 이루며 위를 향해 핀다.

암술과 수술

열매

꽃

* 여러해살이풀

* 줄기 : 20~25cm

* 개화 : 4월

* 열매 : 삭과

**들꽃 이야기** *경기도 이북의 산기슭 풀밭에서 자란다. 애기중의무릇은 비늘줄기의 겉껍질이 흑갈색이데 반해, 중의무릇은 노란빛 갈색을 띠며 잎의 폭도 넓고 꽃도 크다.*

# 지칭개 Hemistepta lyrata [국화과]

줄기가 곧게 서며 속이 비어 있다. 잎은 어긋나고 피침형이며, 뒷면에 솜털이 촘촘히 난다.

홍자색 꽃은 머리모양 꽃차례를 이루고, 대롱꽃만이며 줄기나 가지 끝에 1개씩 핀다. 열매는 털이 없으며 진한 갈색이다. 갓털은 깃모양이며 떨어지기 쉽다.

* 두해살이풀
* 줄기 : 60~90cm
* 개화 : 5~9월
* 열매 : 수과

들꽃 이야기

*평지의 길가나 빈터, 밭둑에서 자란다. 엉겅퀴속이나 분취속과 비슷하지만, 엉겅퀴속과는 달리 잎에 가시가 없고, 분취속과는 달리 총포조각에 돌기가 있다.*

# 진달래 Rhododendron mucronulatum [진달랫과]

많은 가지가 갈라지며, 어린 가지에 비늘조각이 있다. 잎은 어긋나고 잎몸 가장자리는 밋밋하다.

꽃은 잎보다 먼저 피며, 가지 끝에 2~5개가 옆을 향해 달린다. 꽃부리는 분홍색이며 5개로 갈라지고 가장자리는 물결모양으로 주름진다. 수술은 10개, 암술대는 수술보다 길다.

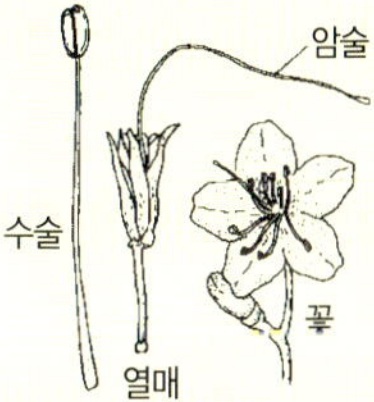


* 낙엽 활엽 관목
* 줄기 : 2m 정도
* 개화 : 4~5월
* 열매 : 삭과

**들꽃 이야기** *전국에 걸쳐 산과 들에서 흔하게 자란다. 설악산 등 고지대에서 자라며, 꽃의 색이 진하고 어린 가지나 잎에 털이 있는 것을 '털진달래'라고 한다.*

# 찔레꽃 Rosa multiflora [장미과]

줄기는 많은 가지가 갈라지고 긴 가시가 있다. 잎은 어긋나며 잎몸은 홀수 깃모양 겹잎이고, 작은 잎은 5~9개이다.

흰 꽃이 가지 끝에 원뿔 꽃차례를 이루며, 꽃받침조각은 털이 있다. 꽃잎은 둥글고 5개이며 끝이 얕게 파인다. 수술은 여러 개이며 꽃밥은 노란색이다.

* 낙엽 활엽 관목
* 줄기 : 2m 정도
* 개화 : 5월
* 열매 : 수과

**들꽃 이야기** *전국에 걸쳐 볕이 잘 드는 산기슭이나 숲가에서 자란다. 한방에서 열매를 '영실'이라고 하여 약재로 쓰는데, 불면증, 건망증, 부종에 효과가 있다.*

# 참소리쟁이 Rumex japonicus [마디풀과]

줄기는 녹색을 띤다. 뿌리에서 난 잎은 끝이 둥글고 잎자루가 있거나 없으며, 줄기잎과 더불어 가장자리가 물결모양이고 털이 없다.

줄기 잇부분의 미디마다 많은 양성의 꽃이 돌려난다. 꽃받침조각과 수술은 각각 6개이며 꽃잎은 없다.

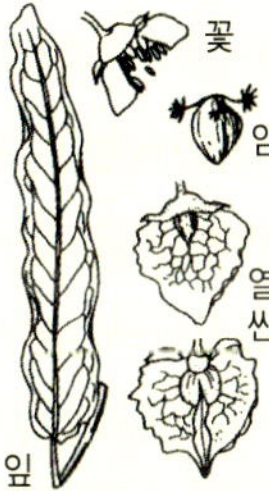


* 여러해살이풀
* 줄기 : 40~100cm
* 개화 : 5~7월
* 열매 : 수과

들꽃 이야기

*평지의 길가나 빈터에서 자란다. 한방에서 뿌리를 '양재근'이라 하여 옴과 같은 피부병에 사용한다. 잎은 나물로 먹기도 한다.*

# 철쭉 Rhododendron schlippenbachii [진달랫과]

줄기나 가지는 회백색을 띤다. 어린 가지에 짙은 흑갈색의 털이 촘촘하다. 잎은 가지 끝에 5개씩 뭉쳐나고, 잎몸은 거꿀피침형이며 뒷면 맥 위에 잔털이 있다.

분홍색 꽃은 가지 끝에 우산모양 꽃차례로 핀다. 꽃부리는 종모양으로, 위쪽 3개에 갈색 반점이 있다. 암술이 수술보다 길다.

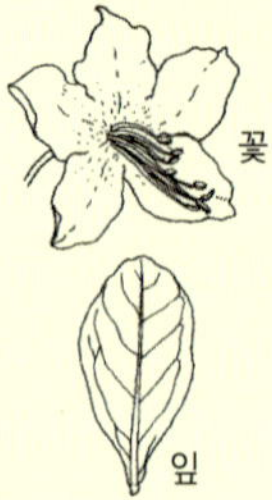


* 낙엽 활엽 관목
* 줄기 : 2~4m
* 개화 : 5월
* 열매 : 삭과

**들꽃 이야기** *전국 산지의 기슭이나 중턱 이하에서 자란다. 진달래는 먹을 수 있는 꽃이라 하여 '참꽃'이라 하고, 철쭉은 먹을 수 없는 꽃이라 하여 '개꽃'이라 한다.*

## 콩짜개난 Bulbophyllum drymoglossum [난초과]

줄기는 철사처럼 가늘며 옆으로 길게 벋는다. 줄기의 2~3마디마다 잎이 1개씩 달린다. 잎은 마주나며 거꿀달걀모양으로 콩짜개덩굴의 잎과 닮았다.

연노란색 꽃은 잎 옆으로 나온 꽃자루 끝에 1개씩 옆을 향해 달린다. 꽃잎은 긴 타원형이고, 꽃자루는 길이 7~10mm이다.

* 여러해살이풀
* 줄기 : 10mm 정도
* 개화 : 5~6월
* 열매 : 삭과

들꽃 이야기 *산지의 늙은 나무줄기와 바위 표면에서 자란다. 콩짜개덩굴의 잎처럼 콩을 쪼개 놓은 것처럼 잎이 생겼다고 하여 통짜개난이라는 이름이 붙여졌다.*

# 큰개불알풀 Veronica persica [현삼과]

줄기는 비스듬히 서고, 부드러운 털이 촘촘히 난다. 잎몸은 길이나 폭이 각각 1~2cm이고, 긴 잎자루가 있으며 느슨하게 털이 있고, 가장자리에 굵은 톱니가 있다.

꽃은 담홍색이며, 꽃부리는 4개로 갈라진다. 수술 2개와 암술 1개가 있다. 열매에 털이 있다.

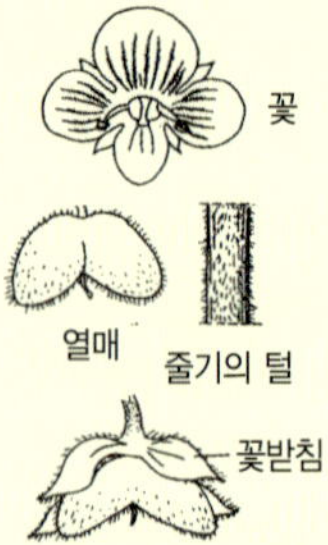


* 두해살이풀
* 줄기 : 10~25cm
* 개화 : 5~6월
* 열매 : 삭과

들꽃 이야기 제주도, 울릉도와 충청도 이남의 볕이 잘 드는 길가나 빈터에서 자란다. '왕지금, 큰지금'이라고도 한다. 양쪽에 붙은 둥근 열매의 생김새에서 이름이 유래되었다.

# 큰꽃으아리 Clematis patens [미나리아재빗과]

줄기는 가늘고 갈색을 띠며 잔털이 있다. 잎은 마주나고 잎자루가 있는 3출 겹잎이다. 작은 잎은 끝이 뾰족하고 가장자리는 밋밋하다.

연한 노란색 또는 흰색 꽃이 가지 끝에 1개씩 달린다. 꽃받침조각은 8개로 큰 꽃잎처럼 보이며, 꽃잎은 없다.

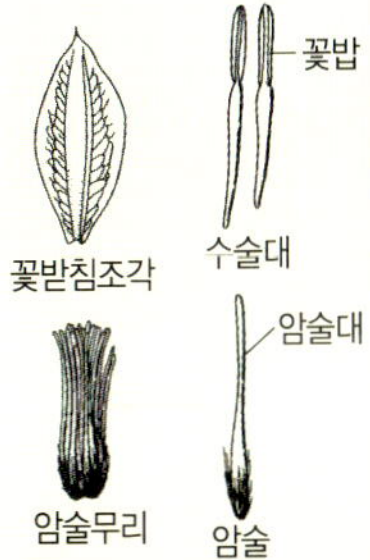


* 갈잎 덩굴식물
* 줄기 : 2~4m
* 개화 : 5월
* 열매 : 수과

**들꽃 이야기** *볕이 잘 드는 산기슭이나 숲가에서 자란다. 꽃잎은 없고, 꽃받침조각은 8개인데 그 지름 10cm 정도로 매우 커서 큰꽃으아리라는 이름이 붙여졌다.*

# 타래붓꽃 Iris pallasii [붓꽃과]

꽃줄기나 잎이 여러 개가 뭉쳐 큰 그루를 이루기도 한다. 잎은 나선모양으로 비틀어진다.

꽃은 연한 자주색으로 향기가 있으며, 꽃줄기 끝에 1개씩 달리고 드물게 흰 꽃이 피기도 한다. 꽃덮이조각은 6개인데, 바깥쪽 3개는 옆으로 퍼지고 안쪽 3개는 곧게 선다.

* 여러해살이풀
* 줄기 : 30~40cm
* 개화 : 5~6월
* 열매 : 삭과

들꽃 이야기

*산속 건조한 풀밭에서 자란다. 타래처럼 잎이 말려서 타래붓꽃이라고 부른다. 잎이 비틀어지므로 다른 붓꽃과 쉽게 구별할 수 있다.*

# 털제비꽃 Viola phalacrocarpa [제비꽃과]

줄기는 없고 여러 개의 잎이 뿌리에서 뭉쳐나며 전체에 털이 많다. 잎은 심장형이고 가장자리에 둔한 톱니가 있다.

꽃은 꽃자루 끝에 홍자색으로 피고, 꽃자루가 잎보다 길다. 꽃받침조각은 끝이 뾰족하고 잔털이 있다. 긴 타원형의 열매에 잔털이 빽빽이 난다.

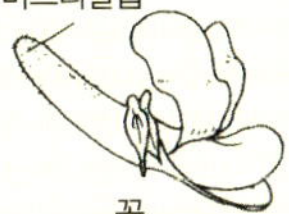

* 여러해살이풀
* 줄기 : 8~10cm
* 개화 : 4~5월
* 열매 : 삭과

**들꽃 이야기** *구릉지나 낮은 산기슭에서 자란다. 풀 전체가 광택이 있는 흰 털로 덮여 있어서 털제비꽃이라고 부른다. 털이 거의 없는 것을 '민둥제비꽃'이라고 한다.*

## 튤립 Tulipa gesneriana [백합과]

비늘줄기는 달걀모양이고 원줄기는 갈라지지 않는다. 잎은 어긋난다. 잎몸은 넓은 피침형 또는 타원모양 피침형이고, 가장자리는 물결모양이며 안쪽으로 약간 말린다.

꽃은 넓은 종모양으로 1개씩 위를 향해 핀다. 꽃덮이는 위로 퍼지고 옆으로는 퍼지지 않는다.

* 여러해살이풀
* 줄기 : 20~30cm
* 개화 : 4~5월
* 열매 : 삭과

들꽃 이야기

*남동 유럽과 중앙아시아 원산이다. 아침에 피었다가 저녁에 오므라들며, 온도에 매우 민감해서 빛이 없으면 꽃봉오리가 오므라든다.*

# 팬지 Viola tricolor [제비꽃과]

줄기는 곧게 선다. 잎은 긴 타원형이며, 턱잎은 깃모양으로 깊게 갈라진다.

꽃은 지름 3cm로 수평하게 퍼지며 진한 보라색, 노란색, 흰색, 갈색 등이다. 꽃받침조각과 꽃잎은 각각 5개이고, 꽃받침은 녹색이다. 5개의 수술과 1개의 암술이 있다.

* 한두해살이풀

* 줄기 : 15~30cm

* 개화 : 4~5월

* 열매 : 삭과

들꽃 이야기 *흔하게 재배되는 제비꽃의 원예종으로, '삼색제비꽃'이라고도 한다. 노란색 꽃에 비올라크산틴, 진한 보라색 꽃에 비올라닌과 루틴이 함유되어 있어 민간에서 약재로 쓴다.*

# 포아풀 Poa sphondylodes [벼과]

줄기는 여러 개가 뭉쳐나며 윗부분이 껄끄럽다. 잎은 길이 10~15cm, 폭 2mm 정도이며, 잎집의 밑부분은 붉은빛을 띠기도 한다.

원뿔 꽃차례에 연한 녹색의 잔이삭이 달린다. 잔이삭은 4~5개의 잔꽃으로 이루어지며 까끄라기가 없다. 수술은 3개이다.

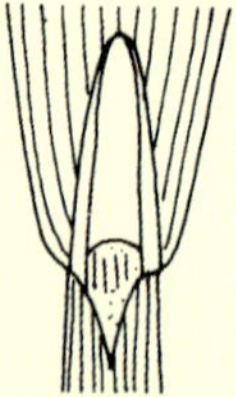

잎혀(막질)

* 여러해살이풀
* 줄기 : 30~60cm
* 개화 : 5~7월
* 열매 : 영과

들꽃 이야기 *볕이 잘 드는 길가나 강둑에서 자란다. '꾸레미풀'이라고도 한다. 새포아풀, 실포아풀, 왕포아풀, 자주포아풀 등과 같이 벼과에 딸린 풀을 통틀어 이르는 말이기도 하다.*

# 풀솜나물 Gnaphalium japonicum [국화과]

줄기는 옆으로 벋으며, 뿌리에서 난 잎은 긴 주걱모양이고 흰 털이 빽빽하다. 줄기잎은 선모양이다.

대롱꽃만인 갈색의 작은 머리모양 꽃차례가 줄기 끝에 여러 개가 빽빽하게 모여 달린다. 둘레는 암꽃이고 중심부는 양성꽃이다. 갓털은 흰색이다.

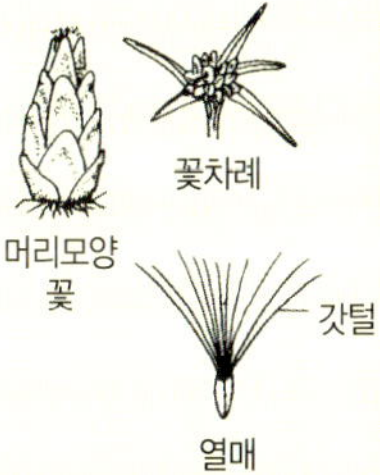


* 여러해살이풀
* 줄기 : 8~20cm
* 개화 : 5~7월
* 열매 : 수과

**들꽃 이야기** *제주도, 울릉도와 영호남 지방의 볕이 잘 드는 풀밭에서 자란다. 풀 전체가 거미줄 같은 흰 털로 덮여 있어 에델바이스와 비슷하다. 어린순은 나물로 먹는다.*

# 할미꽃 Pulsatilla koreana [미나리아재빗과]

우리나라 고유종이다. 뿌리는 굵고 진한 갈색이다.

꽃줄기 끝에 종모양의 꽃이 밑을 향해 핀다. 꽃줄기에 흰 털이 빽빽하다. 꽃받침조각은 6개이고, 안쪽은 짙은 적자색이다. 수술과 암술은 여러 개이고 꽃밥은 진한 노란색이다. 암술대의 털이 자라 바람에 날린다.

* 여러해살이풀
* 줄기 : 25~30cm
* 개화 : 4월
* 열매 : 수과

들꽃 이야기

*볕이 잘 드는 들이나 산기슭에서 자란다. 열매에 달린 흰 깃털은 길이 40mm 정도 자라는데, 이 깃털이 할머니 머리카락 같아 보여 붙여진 이름이다.*

# 향모 Hierochloe odorata [벼과]

가는 뿌리줄기가 길게 옆으로 벋으며 향기가 있다. 줄기는 매끄럽다. 잎은 줄기 밑부분에 많으며, 앞면에 잔털이 있다.

꽃은 길이 6cm의 넓은 원뿔꽃차례를 이룬다. 잔이삭은 3개의 잔꽃으로 이루어지는데, 2개는 수꽃이고 1개는 양성꽃으로 열매를 맺는다.

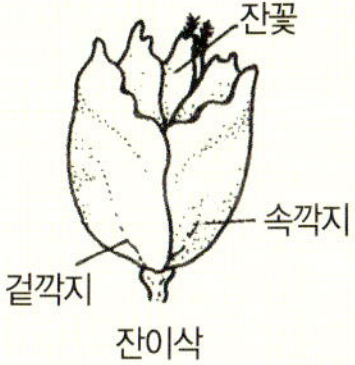


* 여러해살이풀
* 줄기 : 20~40cm
* 개화 : 4~5월
* 열매 : 영과

**들꽃 이야기** *볕이 잘 드는 풀밭에서 흔하게 자라지만, 제주도와 울릉도에는 자라지 않는다. 풀이 마르면 향기로운 냄새가 은은히 나서 향모라는 이름이 붙여졌다.*

## 현호색 Corydalis turtschaninovii [현호색과]

땅속 깊이 덩이줄기가 있다. 잎은 어긋나고, 뒷면은 희다.

줄기 끝에 5~10개의 꽃이 보라색 또는 분홍색으로 술모양 꽃차례를 이룬다. 꽃잎은 4개로 입술모양이며, 밑부분에 며느리발톱이 있다. 암술은 1개, 수술은 6개이고, 열매는 염주모양이다.

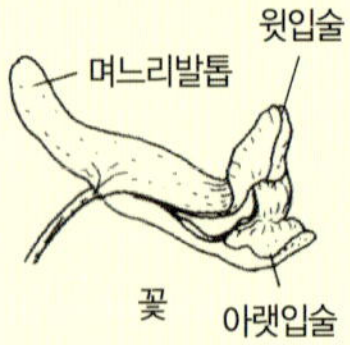


* 여러해살이풀
* 줄기 : 20cm 정도
* 개화 : 4월
* 열매 : 삭과

**들꽃 이야기** *산기슭의 습지나 나무 그늘에서 자란다. '보물주머니'라고도 하는데, 입술처럼 생긴 4장의 꽃잎으로 이루어진 꽃 모양이 보물주머니 같다고 하여 붙여진 이름이다.*

# 호제비꽃 Viola yedoensis [제비꽃과]

제비꽃과 같은 장소에서 자라며, 제비꽃보다 조금 일찍 피기도 한다. 전체적으로 부드러운 흰 털이 빽빽이 나고 뿌리는 흰색이다. 잎은 밑부분 전체에 부드러운 흰 털이 촘촘히 난다.

꽃은 제비꽃보다 연한 자색을 띤다. 꽃자루는 잎과 길이가 비슷하거나 조금 짧다.

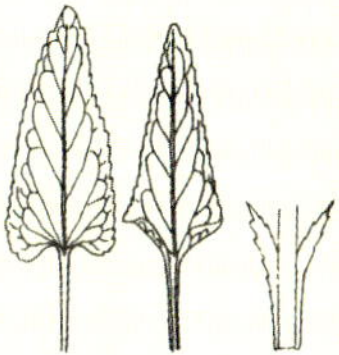


* 여러해살이풀
* 줄기 : 5~10cm
* 개화 : 4~5월
* 열매 : 삭과

들꽃 이야기

*볕이 잘 드는 산기슭이나 길가, 밭둑, 풀밭에서 자란다. 제비꽃과 비슷하게 생겼지만, 잎자루에 날개가 없고 옆에 달린 꽃잎에 털이 없다.*

## 흰민들레 Taraxacum coreanum [국화과]

흰색의 혀꽃만이 머리모양 꽃차례를 이룬다. 피침형의 잎은 로제트모양으로 땅 위에 퍼지거나 비스듬히 서며, 가장자리가 깊게 갈라진다.

꽃은 흰색으로 피며, 잎보다 길이가 짧은 꽃자루는 열매를 맺을 때 잎보다 훨씬 길어진다. 열매에 잔돌기가 있다.

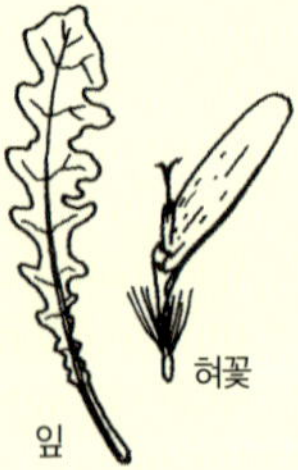


* 여러해살이풀
* 줄기 : 8~15cm
* 개화 : 4~6월
* 열매 : 수과

들꽃 이야기

*볕이 잘 드는 풀밭에서 자란다. 민들레와 비슷하게 생겼지만, 민들레와는 구별되게 꽃잎이 흰색을 띠고, 잎이 서 있는 것이 많다.*

# 흰젖제비꽃 Viola lactilora [제비꽃과]

잎은 여러 개 뿌리에서 뭉쳐나며 긴 잎자루가 있다. 잎몸은 긴 타원형이며, 양면에 털이 없고 가장자리에 둔한 톱니가 있다.

자주색 줄무늬가 있는 꽃자루에 흰 꽃이 옆을 향해 1개씩 핀다. 며느리발톱은 둥글게 생겼으며, 5개의 꽃받침조각은 끝이 뾰족하다.

턱잎

* 여러해살이풀
* 줄기 : 30~35cm
* 개화 : 4~5월
* 열매 : 삭과

들꽃 이야기

*경기도 이남의 평지 풀밭에서 자란다. 꽃잎의 색깔이 우윳빛이 도는 흰색이어서 흰젖제비꽃이라는 이름이 붙여졌다. 흰제비꽃보다는 잎이 넓다.*

# 흰제비꽃 Viola patrinii [제비꽃과]

뿌리는 갈색이며, 잎은 뿌리에서 여러 개 뭉쳐난다. 잎 가장자리에 둔하고 얕은 톱니가 있고, 털은 없거나 조금 있다. 잎자루는 잎몸보다 길다.

입술꽃잎이나 측부 꽃잎에 희미한 자주색 줄무늬가 있다. 며느리발톱은 길이 3~4mm이고, 꽃받침은 끝이 뾰족하다.

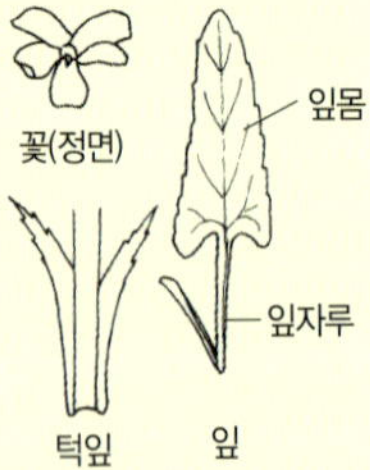


* 여러해살이풀
* 줄기 : 10~15cm
* 개화 : 4~5월
* 열매 : 삭과

들꽃 이야기 *볕이 잘 드는 습한 풀밭이나 산기슭에서 자란다. '흰오랑캐꽃'이라고도 한다. 가는 꽃줄기 끝에 흰 꽃이 피어서 흰제비꽃이라는 이름이 붙여졌다.*

# 흰털제비꽃 Viola hirtipes [제비꽃과]

잎은 뿌리에서 뭉쳐나고, 끝이 뾰족하며 밑부분은 심장모양이고 가장자리에 둔한 톱니가 있다. 잎과 잎자루에 윤기 있는 흰색의 긴 털이 있다.

자홍색 꽃은 길이 7~12cm의 꽃자루에 1개씩 달린다. 꽃받침 조각은 피침형이고, 며느리발톱은 원기둥모양이다.

* 여러해살이풀
* 줄기 : 15~20cm
* 개화 : 4~5월
* 열매 : 삭과

들꽃 이야기

*제주도와 경기도 이남의 산속 풀밭에서 자란다. 잎자루와 꽃줄기에 길고 흰 털이 있어서 흰털제비꽃이라고 부른다. 하지만 열매에는 털이 없다.*

# 숲 속

# 각시둥굴레 Polygonatum humile [백합과]

뿌리줄기는 길게 옆으로 벋으며, 줄기는 곧게 선다. 잎은 어긋나며 잎자루가 없다. 잎몸은 긴 타원형이며, 가장자리와 뒷면에 미세한 돌기가 빽빽하다.

황록색 꽃이 잎겨드랑이에 1~2개씩 밑을 향해 핀다. 꽃잎은 끝이 얕게 6개로 갈라져 뒤로 젖혀진다.

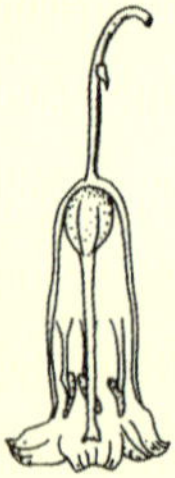

꽃
(세로로
자른 면)

* 여러해살이풀
* 줄기 : 15~30cm
* 개화 : 5~6월
* 열매 : 액과(장과)

들꽃 이야기 *숲 속이나 들에서 자란다. 둥굴레 종류 가운데 가장 키가 작고, 작은 꽃이 각시(새색시)처럼 수줍은 듯 피어난다고 하여 각시둥굴레라는 이름이 붙여졌다.*

# 개구리발톱 Semiaquilegia adoxoides [미나리아재빗과]

뿌리줄기는 덩이모양이다. 뿌리에서 난 잎은 3출 겹잎이고 뒷면은 흰색이다.

지름 5mm 정도의 흰색 또는 담홍색 꽃이 줄기나 가지 끝에 1개씩 밑을 향해 핀다. 꽃받침조각은 5개이며, 좁고 긴 타원형이다. 꽃잎 밑부분에 매우 짧은 며느리발톱이 있다.

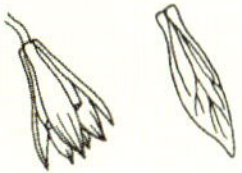

꽃 꽃받침조각

잎(3출 겹잎)

* 여러해살이풀
* 줄기 : 10~30cm
* 개화 : 4~5월
* 열매 : 골돌과

**들꽃 이야기** *제주도, 호남 지방의 숲 속 풀밭에서 자란다. '개구리망, 천규자'라고도 한다. 민간요법으로 뱀이나 벌레 등에 물렸을 때 찧어서 상처에 붙이기도 한다.*

# 개별꽃 Pseudostellaria heterophylla [석죽과]

덩이뿌리가 1~2개 있으며, 줄기에 털이 있다. 잎은 마주나는데, 윗부분의 잎은 크고 밑부분의 잎은 작고 주걱모양이다.

꽃은 줄기 끝에서 위를 향해 흰색으로 핀다. 꽃자루에 부드러운 잔털이 있으며, 꽃받침조각에도 털이 있다. 편평한 씨에 사마귀모양의 돌기가 있다.

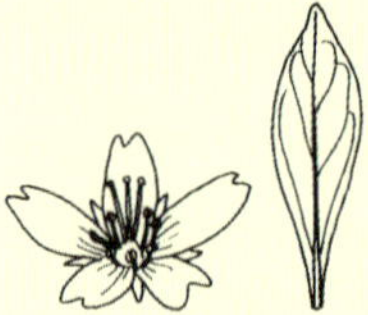


* 여러해살이풀
* 줄기 : 10~20cm
* 개화 : 4~5월
* 열매 : 삭과

**들꽃 이야기** *숲 속에서 자란다. '들별꽃'이라고도 한다. 5장의 흰 꽃잎을 위에서 보면 별 같아 붙여진 이름이다. 앞에 붙은 '개'는 별 의미가 없는 듯하다. 어린 줄기와 잎은 먹는다.*

# 개불알꽃 Cypripedium macranthum [난초과]

뿌리줄기는 옆으로 짧게 벋으며, 꽃줄기는 곧게 선다. 잎은 3~5개가 어긋나고 잎몸은 타원형이며 털이 약간 있다.

자홍색 또는 분홍색의 둥근 꽃은 줄기 끝에 1개씩 달린다. 측부의 꽃잎 2개는 달걀모양 피침형이며 끝이 뾰족하고, 입술꽃잎은 주머니모양이다.

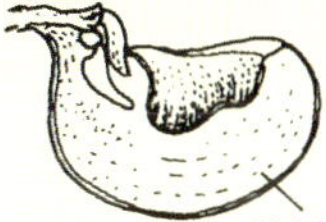

꽃
(세로로 자른 면)

* 여러해살이풀
* 줄기 : 20~40cm
* 개화 : 5~7월
* 열매 : 삭과

들꽃 이야기

*숲 속 풀밭에서 자란다. '복주머니란, 요강꽃'이라고도 하는데 모두 생김새로 인해 붙여진 이름이다. 둥그런 입술꽃잎에 핏줄 같은 맥이 그물을 이루어 개불알꽃이라고 부른다.*

# 고깔제비꽃 Viola rossii [제비꽃과]

뿌리에서 잎이 뭉쳐난다. 잎은 심장모양이고, 뒷면 밑부분 맥 위에 털이 많다. 꽃이 필 때는 잎이 고깔모양으로 안쪽으로 말리고, 꽃이 핀 후에는 잎이 활짝 펴진다. 꽃이 진 후에 잎몸은 길이 약 12cm에 이른다.

꽃은 꽃자루 끝에 분홍색으로 1개씩 달린다.

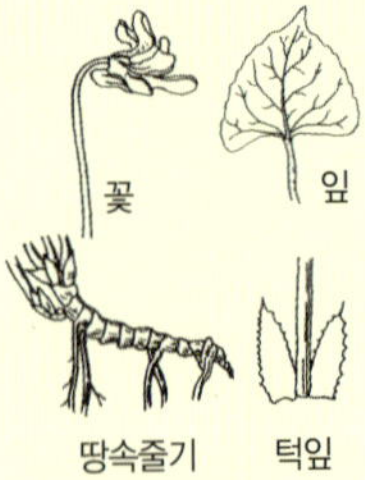


* 여러해살이풀
* 줄기 : 10~15cm
* 개화 : 4~5월
* 열매 : 삭과

들꽃 이야기

*볕이 잘 드는 숲 속에서 자란다. 제비꽃의 한 종류로, 꽃이 필 즈음 안쪽으로 말려 있는 잎 모양이 고깔을 닮아 고깔제비꽃이라는 이름이 붙여졌다.*

# 광대수염 Lamium album [꿀풀과]

줄기는 곧게 서고 거의 줄기가 갈라지지 않으며, 마디에 긴 털이 있다. 잎은 마주나고 잎몸은 달걀모양 심장형이다.

꽃은 잎겨드랑이에 여러 개가 층층이 모여 핀다. 4개의 수술 중 2개가 길다. 꽃밥에 털이 있으며, 열매 위쪽은 편평하고 아래는 쐐기모양이다.

* 여러해살이풀
* 줄기 : 30~50cm
* 개화 : 5월
* 열매 : 분과

들꽃 이야기 *숲 속 응달에서 자란다. 꽃이 피는 잎자루와 줄기의 겨드랑이 사이에 돌기가 나 있는데, 이것이 마치 긴 수염처럼 보여서 붙여진 이름이다.*

# 괭이눈 Chrysosplenium grayanum [범의귓과]

뿌리에서 갈라진 가지가 땅 위를 길게 벋는다. 꽃줄기는 털이 없이 부드럽다. 잎은 마주나고 잎몸 가장자리에 안으로 굽은 물결모양의 톱니가 3~8쌍 있다.

연한 황록색 꽃이 꽃줄기나 가지 끝에 모여 핀다. 꽃 둘레의 잎은 노란색이며, 꽃밥은 연한 노란색이다.

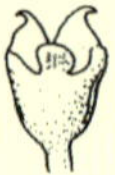

열매

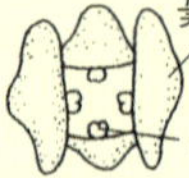


꽃(윗면)

* 여러해살이풀
* 줄기 : 5~20cm
* 개화 : 4~5월
* 열매 : 삭과

**들꽃 이야기** *산속 물가나 습지에서 자란다. 활짝 핀 꽃이나 열매가 마치 고양이가 눈을 지그시 감고 있는 모습을 연상하게 하여 괭이눈이라는 이름이 붙여졌다.*

# 금강제비꽃 Viola diamantiaca [제비꽃과]

굵은 뿌리줄기가 길게 옆으로 땅속으로 벋는다. 잎몸은 4~7cm로 심장모양이며, 끝이 예리하게 뾰족하며 양면에 털이 있고 가장자리에 잔톱니가 있다.

꽃은 보라색으로, 뿌리에서 돋은 꽃자루 끝에 1개씩 핀다. 머느리발톱은 짧고 굵다. 열매에 털이 없다.

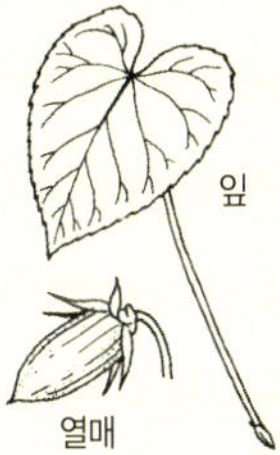


* 여러해살이풀
* 줄기 : 5~10cm
* 개화 : 5~6월
* 열매 : 삭과

들꽃 이야기 *강원도 이북의 깊은 숲 속에서 자란다. 제비꽃 종류 중에서 가장 크며 우리나라 고유종이다. 최초로 발견된 곳이 금강산이어서 금강제비꽃이라고 부른다.*

## 금난초 Cephalanthera falcata [난초과]

잎은 6~8개가 어긋난다. 잎몸은 긴 타원모양의 피침형이며, 주름져 있다.

노란색을 띠는 꽃 3~10개가 줄기 윗부분에 술모양 꽃차례를 이룬다. 3개의 꽃받침조각은 달걀모양의 긴 타원형으로 꽃잎과 비슷하다. 긴 타원형의 꽃가루덩이가 2개 있다.

* 여러해살이풀
* 줄기 : 40~60cm
* 개화 : 4~6월
* 열매 : 수과

**들꽃 이야기** *울릉도, 제주도와 경기도 이남의 산속 나무 그늘에서 자란다. 꽃이 황금색을 띠어서 금난초라는 이름이 붙여졌다. 꽃이 활짝 피지 않는 것이 특징이다.*

# 금낭화 Dicentra spectabilis [현호색과]

굵은 뿌리에서 여러 개의 줄기가 나오며 회백색을 띤다. 잎은 어긋나고, 쐐기모양이다.

연한 자주색 꽃은 줄기 끝에 술모양 꽃차례를 이루며 밑을 향해 피고, 바깥쪽 꽃잎 2개는 밑부분이 부풀고, 안쪽 2개는 끝이 길게 며느리발톱을 이루어 밑으로 처진다.

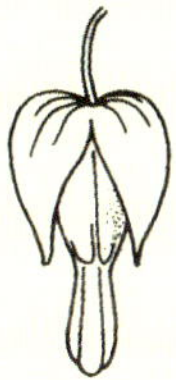

꽃(정면)

* 여러해살이풀
* 줄기 : 40~80cm
* 개화 : 5~6월
* 열매 : 삭과

들꽃 이야기

*설악산이나 지리산에 자생한다. 옛날 여자들이 지니고 다니던 주머니와 닮아 붙여진 이름이다. 원래 야생화이지만, 꽃이 아름다워 심어 가꾼다.*

## 긴병꽃풀 Glechoma hederacea [꿀풀과]

줄기가 곧게 자라다가 옆으로 벋으면서 마디에서 뿌리가 난다. 잎은 마주나고 길이 2~3cm의 잎자루가 있으며, 잎몸은 콩팥모양이다.

연한 붉은빛 보라색 꽃이 잎겨드랑이에 달리고, 꽃받침은 5개로 깊게 갈라지며, 꽃부리에 짙은 보라색 반점이 있다.

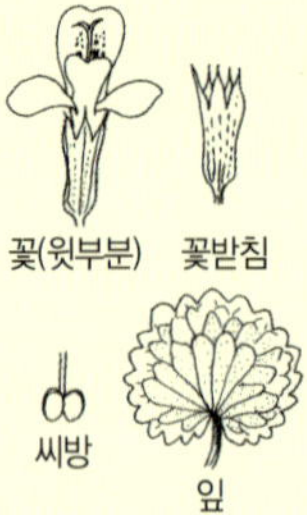


* 여러해살이풀
* 줄기 : 10~20cm
* 개화 : 5월
* 열매 : 분과

들꽃 이야기 *경기도 이북 산속의 볕이 잘 드는 풀밭에서 자란다. 꽃 모양이 병꽃과 닮았으며, 길이가 병꽃보다 조금 길어 긴병꽃풀이라는 이름이 붙여졌다.*

# 꿩의바람꽃 Anemone raddeana [미나리아재빗과]

뿌리줄기는 굵고, 뿌리에서 난 잎은 잎자루가 길다. 작은 잎은 타원형이며, 끝이 2~3개로 갈라지고 털이 없다.

흰색 또는 연한 자주색 꽃이 1개씩 위를 향해 달린다. 꽃받침조각은 10~12개이며, 길이 2cm 정도의 긴 타원형이다. 꽃밥은 흰색이다.

* 여러해살이풀
* 줄기 : 10~15cm
* 개화 : 4월
* 열매 : 수과

**들꽃 이야기** *경기도와 강원도 이북의 숲 속에서 자란다. 풀 이름에 '꿩'이 들어간 것은 우리나라 바람꽃류 중에서 꽃 색깔이 꿩의 몸빛처럼 아름다워서 붙여졌다고 한다.*

# 나도개감채 Lloydia triflora [백합과]

가지는 갈라지지 않으며, 비늘줄기는 길이 1cm 정도의 넓은 타원형이다. 잎은 줄기 길이와 거의 같고, 세모진 선모양이며 보통 뿌리에서 1개가 난다.

흰 꽃은 줄기 끝에 2~4개 달린다. 꽃자루 밑부분에 포엽이 1개씩 있으며, 꽃덮이조각은 6개이다.

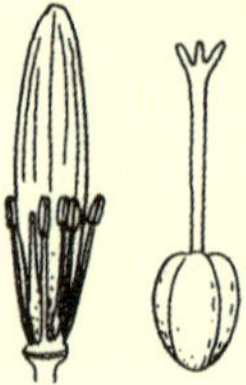

꽃잎과 수술 암술

* 여러해살이풀
* 줄기 : 10~15cm
* 개화 : 5월
* 열매 : 삭과

들꽃 이야기

*경기도, 강원도 이북의 볕이 잘 드는 산속 풀밭에서 자란다. '두메무릇, 와판화'라고도 하는 같은 백합과의 개감채는 함남(백두산), 함북(관모봉) 지방 등에서 자란다.*

# 나도바람꽃 Isopyrum raddeanum [미나리아재빗과]

줄기 밑부분에 비늘잎 몇 개가 나서 줄기를 감싼다. 뿌리에서는 잎이 나지 않는다.

꽃은 흰색이며, 꽃잎은 없고 5개의 꽃받침조각이 꽃잎처럼 생겼다. 줄기 끝에서 번온 3~6개의 꽃자루 끝에 1개씩 위를 향해 핀다. 열매는 3~5개가 비스듬히 위를 향한다.

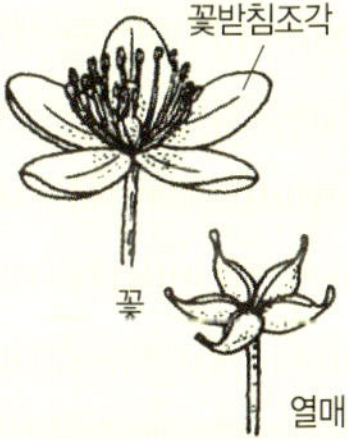


* 여러해살이풀
* 줄기 : 20~40cm
* 개화 : 5~6월
* 열매 : 골돌과

들꽃 이야기 *설악산 이북의 숲 속에서 자란다. 바람꽃류는 아니지만, 잎이나 꽃의 생김새 등이 바람꽃과 비슷하여 '나도'를 붙여 '나도바람꽃'이라고 이름 지었다.*

# 나도옥잠화 Chintonia udensis [백합과]

짧게 벋은 뿌리줄기에서 3~5개의 잎이 뭉쳐난다. 잎몸은 긴 타원형으로 질이 두껍고 광택이 있다.

꽃줄기는 잎 사이에서 벋어나며, 꽃줄기 윗부분에 흰 꽃이 술 모양 꽃차례를 이룬다. 6개의 꽃덮이조각은 수평으로 퍼진다. 열매는 검게 익는다.

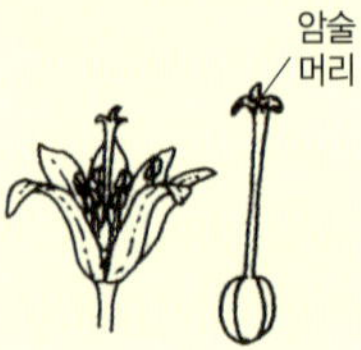


* 여러해살이풀
* 줄기 : 20~30cm
* 개화 : 5~7월
* 열매 : 액과(장과)

**들꽃 이야기** *한라산, 지리산, 설악산 중턱 이상의 응달에서 자란다. '제비옥잠화'라고도 한다. 잎의 모양이 옥잠화와 비슷하여 붙여진 이름이다. 어린순은 나물로 먹는다.*

# 낚시제비꽃 Viola grypoceras [제비꽃과]

뿌리에서 잎이 모여 난 다음, 꽃줄기가 곧게 서거나 옆으로 비스듬히 벋는다. 잎몸은 끝이 둔하고 가장자리에 잔톱니가 있다. 턱잎은 깃모양으로 갈라진다.

꽃은 잎겨드랑이에 1개씩 달리고, 입술꽃잎과 측부 꽃잎에 짙은 보라색 줄무늬가 있다. 열매에 털이 없다.

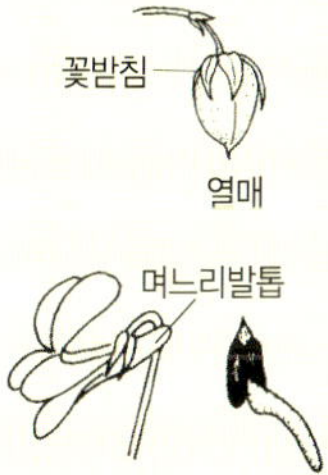


* 여러해살이풀
* 줄기 : 20~40cm
* 개화 : 4~5월
* 열매 : 삭과

들꽃 이야기 *제주도, 울릉도와 경기도, 강원도 이남에서 자란다. 길게 벋은 꽃줄기 끝에 달린 꽃이 마치 낚싯대를 드리운 것 같다고 하여 붙여진 이름이다.*

# 남산제비꽃 Viola chaerophylloides [제비꽃과]

잎몸은 3출 겹잎이며, 중앙맥까지 깊게 갈라져서 다른 제비꽃류와 쉽게 구별할 수 있다. 턱잎은 넓은 선모양이며, 밑부분이 잎자루를 감싸듯 붙어 있다.

꽃자루 끝에 흰 꽃이 피며, 꽃잎 안쪽에 자색 줄무늬가 있다. 꽃받침조각은 가장자리에 톱니가 있다.

* 여러해살이풀
* 줄기 : 5~12cm
* 개화 : 4~5월
* 열매 : 삭과

들꽃 이야기

*산속 응달에서 자란다. 처음 발견된 곳이 남산이어서 남산제비꽃이라고 부른다. 또 볕이 잘 드는 남쪽 산에서 잘 자란다고 하여 붙여졌다고 하기도 한다.*

# 너도바람꽃 Eranthis stellata [미나리아재빗과]

덩이뿌리에서 생긴 잎은 길이 5~10cm의 긴 잎자루가 있으며, 잎몸은 깃모양으로 갈라진다.

꽃은 꽃자루 끝에 1개씩 위를 향해 달린다. 꽃받침조각은 5~6개이며 타원형의 흰색으로 꽃잎 같다. 꽃잎은 뚜렷하지 않으며 끝이 2개로 갈라져 꿀샘을 이룬다.

* 여러해살이풀
* 줄기 : 10~15cm
* 개화 : 3~4월
* 열매 : 골돌과

들꽃 이야기

*강원도 이북의 산속 응달에서 자란다. 바람꽃류는 아니지만, 잎이나 꽃의 생김새 등이 바람꽃과 비슷하여 '너도'를 넣어 너도바람꽃이라고 이름 지었다.*

# 넓은잎천남성 Arisaema robustum [천남성과]

알줄기는 지름 3~4cm이고, 둘레에 2~3개의 작은 구슬줄기가 달린다. 수염뿌리는 사방으로 벋는다.

잎몸은 5개의 작은 잎으로 이루어진다. 작은 잎은 타원형으로 가장자리가 밋밋하다. 꽃은 암수그루가 다르다. 열매는 붉게 익으며 광택이 있다.

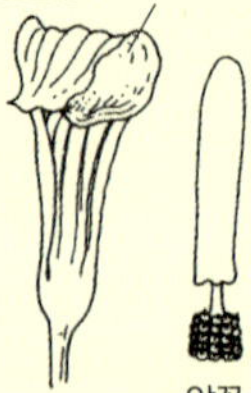


* 여러해살이풀
* 줄기 : 20~35cm
* 개화 : 5~6월
* 열매 : 액과(장과)

들꽃 이야기

*산속 응달진 습지에서 자란다. 잎은 길이 10~15cm, 폭 3~10cm로, 잎의 크기가 천남성보다 길고 넓어서 넓은잎천남성이라는 이름이 붙여졌다.*

# 노랑제비꽃 Viola orientalis [제비꽃과]

뿌리줄기는 곧게 서고, 굵고 긴 뿌리가 많이 내린다. 줄기 윗부분에서 2~3개의 가지가 갈라진다. 뿌리에서 나는 1~2개의 잎은 심장모양이다. 줄기잎은 타원형이다.

꽃은 짙은 노란색으로 잎겨드랑이에 1개씩 달린다. 열매 끝에 암술머리가 남아 있다.

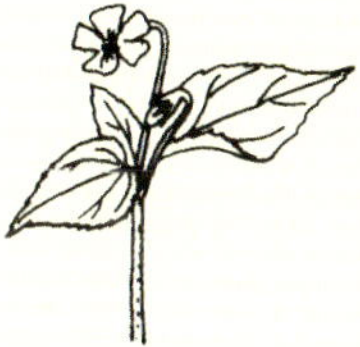

꽃이 달린 상태

* 여러해살이풀

* 줄기 : 10~20cm

* 개화 : 4~5월

* 열매 : 삭과

들꽃 이야기 *산 중턱 이상에서 자란다. 꽃의 생김새가 하늘을 나는 제비를 닮은데다 꽃의 색깔이 노란색이어서 노랑제비꽃이라는 이름이 붙여졌다.*

## 노루귀 Hepatica asiatica [미나리아재빗과]

뿌리에서 난 잎은 긴 잎자루가 있으며, 잎몸은 삼각형이고 가죽질이며, 3개로 갈라진다. 잎 끝은 뾰족하고 가장자리는 밋밋하다.

잎보다 먼저 흰색 또는 연한 보라색 꽃이 꽃자루 끝에 1개씩 핀다. 꽃받침조각은 6개로 꽃잎처럼 보이고, 꽃잎은 없다.

* 여러해살이풀
* 줄기 : 10~15cm
* 개화 : 3~4월
* 열매 : 수과

**들꽃 이야기** 숲 속 응달에서 자란다. 새로 나오는 잎은 3갈래로 갈라지고 두꺼우며 털이 많은데, 이 어린 잎의 모양이 솜털이 보송보송한 어린 노루의 귀와 비슷하여 붙여진 이름이다.

# 노루삼 Actaea asiatica [미나리아재빗과]

가지가 갈라지지 않는다. 작은 잎은 달걀모양이며 가장자리에 불규칙한 톱니가 있고, 맥 위에 잔털이 있다.

꽃은 흰색으로, 줄기 윗부분에 술모양 꽃차례를 이룬다. 꽃받침조각은 4개이며, 일찍 떨어진다. 꽃잎은 주걱모양이며 4개이다. 열매는 검게 익는다.

꽃

* 여러해살이풀
* 줄기 : 40~70cm
* 개화 : 5~6월
* 열매 : 액과(장과)

**들꽃 이야기** *숲 속 응달에서 자란다. 한방에서 뿌리나 뿌리줄기를 약재로 쓰는데, 가을에 채취하여 햇볕에 말렸다가 달여서 먹거나 짓찧어서 상처에 바른다.*

## 는쟁이냉이 Cardamine komarovi [십자화과]

줄기는 곧게 서고 털이 없으며 윗부분에서 가지가 갈라진다. 뿌리에서 난 잎은 뭉쳐나며 잎자루가 길다. 줄기의 잎은 어긋나며 잎몸은 둥글고 가장자리에 굵은 톱니가 있으며, 잎자루 양쪽에 좁은 날개가 있다.

지름 1cm 정도의 흰 꽃이 술 모양 꽃차례로 달린다.

잎

* 여러해살이풀
* 줄기 : 30~40cm
* 개화 : 5~6월
* 열매 : 장각과

들꽃 이야기

*경기도, 강원도의 깊은 산속 응달이나 물가에서 자란다. '주걱냉이'라고도 한다. '는장이'라고도 하는 명아주의 잎과 닮아서 는쟁이냉이라고 부른다.*

# 단풍제비꽃 Viola dissecta [제비꽃과]

줄기가 없으며, 잎자루가 긴 잎이 여러 개 뿌리에서 뭉쳐난다. 잎몸은 깊게 여러 갈래로 갈라진다.

꽃자루는 뿌리에서 2~3개 뭉쳐나며, 끝에 1개의 흰색 꽃이 달린다. 측부 꽃잎 안쪽에 흰 털이 있고, 며느리발톱은 원기둥모양이다. 열매는 3개로 갈라진다.

* 여러해살이풀
* 줄기 : 10~15cm
* 개화 : 4월
* 열매 : 삭과

들꽃 이야기 *경기도 이남과 울릉도 숲 속에서 자란다. 태백제비꽃의 변종이며, 우리나라 제비꽃 중에서 꽃이 흰색이고 잎이 갈라지는 것은 단풍제비꽃과 남산제비꽃 두 종류뿐이다.*

# 당개지치 Brachybotrys paridiformis [지칫과]

뿌리줄기가 길게 옆으로 벋고, 가지가 갈라지지 않는다. 잎은 어긋나고, 줄기 윗부분에서 마디 사이가 좁아져서 5~6개가 돌려난 것 같다. 잎몸은 타원형이며 뒷면에 흰 털이 촘촘하다.

꽃은 줄기 끝에 술모양 꽃차례로 달린다. 자주색 꽃부리는 5개로 갈라진다.

* 여러해살이풀
* 줄기 : 40cm 정도
* 개화 : 5~6월
* 열매 : 삭과

**들꽃 이야기** *경기도, 강원도 이북의 깊은 산속 응달진 습지에서 자란다. 희랍어의 '짧다'와 '포도'라는 말이 합쳐져 생긴 이름으로, 꽃이 포도송이처럼 달리는 특성을 나타낸다.*

# 대사초 Carex siderosticta [사초과]

뿌리줄기가 옆으로 벋으며, 줄기는 부드럽다. 잎은 폭 1~3cm로, 폭이 넓어서 구별하기 쉽다. 줄기는 지난해의 잎 사이에서 곧게 벋는다.

잔이삭은 길이 1~2cm, 폭 3~4mm이며, 윗부분에 수꽃이삭이 달리고 밑부분에 암꽃이삭이 달린다.

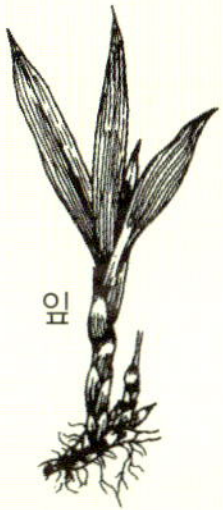


* 여러해살이풀
* 줄기 : 10~40cm
* 개화 : 4~5월
* 열매 : 수과

**들꽃 이야기** *숲 속 응달에서 자란다. 관상용으로 가꾸기도 한다. 맛은 단맛이 나고 매우며 독이 없다. 한방에서 뿌리를 말려 가루로 만들어 쓴다.*

# 돌단풍 Aceriphyllum rossii [범의귀과]

뿌리줄기는 굵고 짧으며, 비늘잎에 싸여 있다. 잎은 뿌리줄기에서 뭉쳐나고, 잎몸은 중간까지 깊게 갈라져 단풍잎 같다.

꽃줄기에는 잎이 달리지 않으며, 꽃줄기 끝에 흰 꽃이 원뿔꽃차례를 이룬다. 수술은 꽃잎보다 짧고, 열매는 2개로 갈라진다.

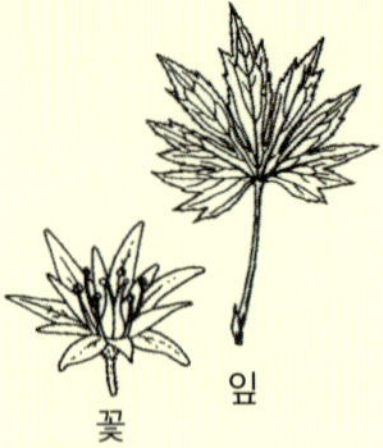


* 여러해살이풀
* 줄기 : 30cm 정도
* 개화 : 5~6월
* 열매 : 삭과

**들꽃 이야기**

*충청도, 강원도 이북의 산속 물가 바위틈에서 자란다. '돌나리'라고도 한다. 잎이 단풍잎과 비슷하고 돌이 많은 곳에서 자라 붙여진 이름이다. 단풍나무와는 관련이 없다.*

# 두루미천남성 Arisaema heterophyllum [천남성과]

알줄기에 작은 구슬줄기가 달린다. 잎몸은 13~19개의 작은 잎으로 이루어진다.

꽃은 수꽃만으로 또는 암수꽃으로 이루어지는데, 암수꽃인 경우 암꽃은 꽃차례의 밑부분에 촘촘하게 모여 달리고, 수꽃은 윗부분에 느슨하게 달린다. 타원형의 열매는 붉게 익는다.

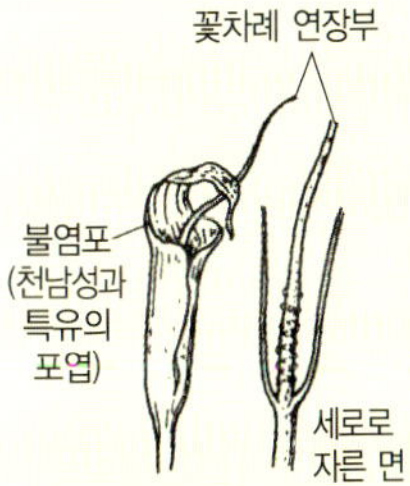


* 여러해살이풀

* 줄기 : 60~120cm

* 개화 : 5~6월

* 열매 : 액과(장과)

**들꽃 이야기** *제주도와 경기도 이북의 풀밭이나 숲 속에서 자란다. 여러 개의 작은 잎이 달려 있는 모습이 마치 두루미가 날개를 펼친 것처럼 보여 붙여진 이름이다.*

# 둥굴레 Polygonatum odoratum [백합과]

굵고 흰 뿌리줄기가 옆으로 벋는다. 줄기 윗부분은 밑으로 처진다. 잎은 어긋나고 잎자루가 없으며, 잎몸은 긴 타원형이다.

꽃은 잎겨드랑이에 1~2개가 밑으로 드리워 피고, 꽃덮이 밑부분은 연한 회백색, 윗부분은 짙은 녹색이다. 열매는 검게 익는다.

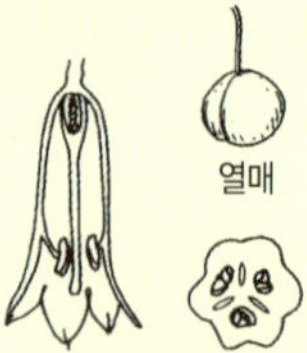


* 여러해살이풀
* 줄기 : 30~70cm
* 개화 : 5~6월
* 열매 : 액과(장과)

**들꽃 이야기** *산속 응달에서 자란다. '맥도둥굴레, 애기둥굴레, 좀둥굴레, 제주둥굴레'라고도 하며, 약재 이름은 '옥죽'이다. 어린잎과 뿌리줄기를 먹는다.*

# 모데미풀 Megaleranthis saniculifolia [미나리아재빗과]

뿌리에서 난 잎은 잎자루가 길며, 잎몸은 3~5개로 갈라진다. 잎몸이 불규칙하게 갈라진 포엽이 줄기에 5~6개가 돌려난다. 그리고 그 사이에서 벋은 짧은 꽃자루에 흰 꽃이 1개씩 위를 향해 달린다.

5개의 꽃받침조각이 꽃잎 같고, 꽃잎 5개는 꿀샘을 이룬다.

꽃

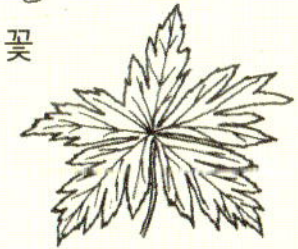

잎

* 여러해살이풀
* 줄기 : 20~25cm
* 개화 : 4~5월
* 열매 : 골돌과

들꽃 이야기

*설악산, 소백산, 덕유산, 지리산, 한라산에서 자라는 우리나라 고유 식물이다. '모데미'는 이 풀이 맨처음 발견된 지리산의 마을 이름이다.*

# 목련 Magnolia kobus [목련과]

나무껍질은 회백색이고 매끄럽다. 잎눈은 누운 회색 털로 덮여 있고, 꽃눈은 길고 부드러운 털이 있다. 잎은 어긋나고 잎몸은 넓은 거꿀달걀모양이다. 잎 가장자리는 밋밋하고, 밑부분은 넓은 쐐기모양이다.

향이 좋은 흰 꽃이 가지 끝에 1개씩 잎이 다 나기 전에 핀다.

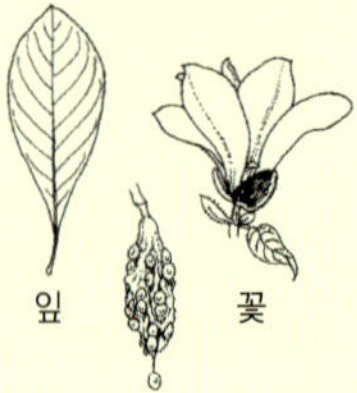


* 낙엽 활엽 교목
* 줄기 : 10m 정도
* 개화 : 4월
* 열매 : 골돌과

**들꽃 이야기** *제주도 산지의 중턱 숲 속에 자생한다. 꽃 밑부분에 작은 잎이 1개 달리는 것이 특징이다. 어린 가지를 꺾으면 향이 난다.*

# 뫼제비꽃 Viola selkirkii [제비꽃과]

줄기가 없으며 잎은 뿌리에서 뭉쳐난다. 잎몸은 넓은 달걀모양으로 끝이 뾰족하고 밑부분은 심장모양이다.

꽃은 꽃자루 끝에 보라색으로 옆이나 밑을 향해 1개씩 달린다. 꽃받침조각은 끝이 날카로우며 털이 있다. 꽃잎에 자색 줄무늬가 있으며 끝이 둥글다.

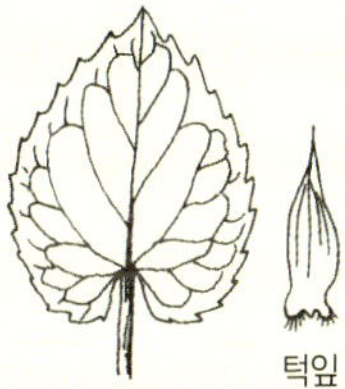


* 여러해살이풀
* 줄기 : 6cm 정도
* 개화 : 4~5월
* 열매 : 삭과

**들꽃 이야기** *산속에서 자란다. 메제비꽃이라고도 한다. 산속에서 잘 자라기 때문에 '뫼' 자를 붙여 '뫼제비꽃'이라고 부르는 것으로 짐작된다.*

## 미나리냉이 Cardamine leucantha [십자화과]

줄기 윗부분에서 가지가 갈라지며 부드러운 털이 있다. 잎몸은 작은 잎이 3~7개인 깃모양 겹잎이다. 작은 잎은 끝이 뾰족하고 가장자리에 불규칙한 톱니가 있다.

흰 꽃은 가지나 줄기 끝에 술모양 꽃차례를 이룬다. 꽃받침 조각과 꽃잎은 각각 4개이다.

* 여러해살이풀
* 줄기 : 40~70cm
* 개화 : 5~6월
* 열매 : 장각과

들꽃 이야기

*산속 물가에서 자란다. 한방에서 백일해에 물을 넣고 뿌리를 달여서 먹는다. 흰 꽃은 냉이꽃을 닮고, 잎은 미나리를 닮아 미나리냉이라는 이름이 붙여졌다.*

# 미치광이풀 Scopolia japonica [가짓과]

독이 있으며 우리나라 특산 식물이다. 뿌리줄기가 옆으로 벋으며 길고 굵어진다. 잎은 어긋나고, 잎몸은 넓은 타원형이다.

윗부분의 잎겨드랑이에서 벋은 꽃자루 끝에 자줏빛 노란색을 띠는 종모양의 꽃이 1개씩 밑을 향해 핀다. 열매는 꽃받침에 싸여 있다.

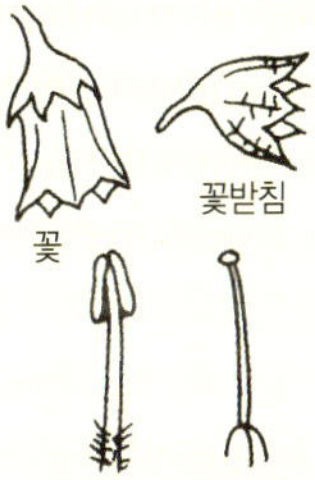


* 여러해살이풀
* 줄기 : 30~60cm
* 개화 : 4~5월
* 열매 : 삭과

들꽃 이야기

*경기도, 강원도와 호남 지방의 숲 속에서 자란다. '광대작약, 미친풀, 미치광이'라고도 한다. 뿌리줄기에 독성이 있어 붙여진 이름이며, 한방에서는 뿌리줄기를 약재로 쓴다.*

# 민눈양지꽃 Potentilla yokusaina [장미과]

줄기가 길게 땅을 기며 잔털이 있다. 뿌리에서 난 잎은 긴 자루가 있으며, 잎몸을 이루는 3개의 작은 잎은 크기가 비슷하고 가장자리의 톱니는 예리하다.

노란 꽃은 줄기 끝에 1개씩 달린다. 꽃잎은 5개로 이루어지며, 끝이 얕게 파인다. 열매는 털이 없이 매끄럽다.

* 여러해살이풀
* 줄기 : 10~20cm
* 개화 : 5~6월
* 열매 : 수과

들꽃 이야기

*제주도, 강원도 이남의 산속 풀밭이나 응달에서 자란다. 세잎양지꽃에 비해 잎 가장자리에 예리한 톱니가 있으며, 잎은 조금 더 연한 녹색을 띤다.*

# 밀나물 Smilax riparia var. ussuriensis [백합과]

줄기가 부드럽고 가시가 없다. 턱잎이 변한 덩굴손으로 물체에 기대거나 감는다. 잎은 어긋나고 달걀모양 타원형이며, 잎 앞면은 녹색, 뒷면은 담록색을 띤다.

황록색의 작은 꽃이 잎겨드랑이에 우산모양 꽃차례를 이룬다. 열매는 검게 익으며 흰 가루로 덮여 있다.

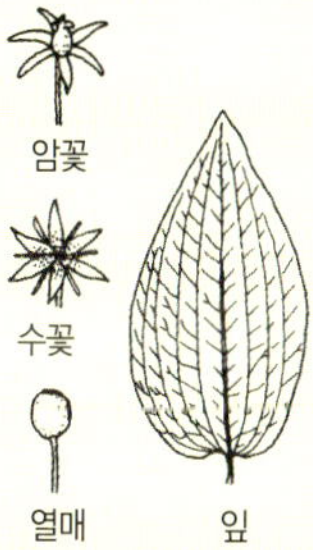


* 여러해살이풀
* 줄기 : 2~3m
* 개화 : 5~7월
* 열매 : 액과(장과)

**들꽃 이야기** *산속에서 자란다. 어린순은 나물로 먹는다. 한방에서 뿌리를 몸이 붓는 증상을 치료하는 약재로 쓴다. 잎이 좁은 것을 '좁은잎밀나물'이라고 한다.*

# 바람꽃 Anemone narcissiflora [미나리아재빗과]

꽃줄기에 잎이 뭉쳐나며 전체에 부드러운 긴 털이 있다. 잎은 3개로 깊게 갈라지고 작은 잎은 다시 3개로 깊게 갈라진다.

꽃자루에 흰 꽃이 1개씩 달려 우산모양 꽃차례를 이룬다. 꽃받침조각은 5개로 꽃잎 같다. 열매에 털이 없고, 둘레에 두텁고 넓은 날개가 있다.

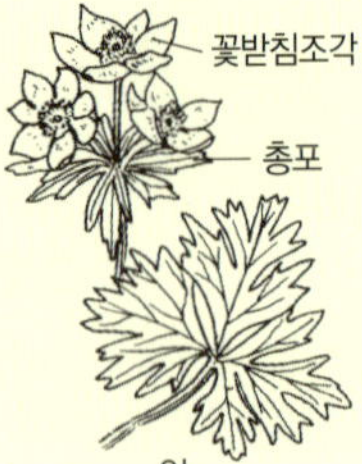


* 여러해살이풀
* 줄기 : 20~30cm
* 개화 : 5~7월
* 열매 : 수과

**들꽃 이야기** *고산지대의 풀밭에서 자란다. 꽃 이름은 바람을 뜻하는 그리스어 '아네모스'에서 비롯되었다. 설악산에 바람꽃, 한라산에 세바람꽃, 꿩의바람꽃 등이 자란다.*

# 백당나무 Viburnum sargentii [인동과]

나무껍질은 회갈색을 띠며 불규칙하게 갈라진다. 잎은 마주나고 넓은 달걀모양이며 잎몸은 갈라지거나 갈라지지 않는다. 잎 가장자리에 털에 있고 뒷면 맥 위에 잔털이 있다.

가지 끝 가운데에는 작은 꽃이, 가장자리에는 넓은 꽃잎이 뭉쳐난다.

* 낙엽 활엽 관목
* 줄기 : 3m 정도
* 개화 : 5월
* 열매 : 핵과

들꽃 이야기 *산속의 낙엽수림 지대나 해발 1300m의 구상나무 지대에서 드물게 볼 수 있다. 어린가지와 잎 뒷면에 털이 많은 것을 '털백당나무'라고 한다.*

# 백합 Lilium longiflorum [백합과]

비늘줄기는 편평하고 둥글다. 잎은 빽빽하게 어긋나며 잎자루가 없다. 잎몸은 피침형이며, 끝이 예리하게 또는 둔하게 뾰족하고 밑부분은 좁아지면서 밑으로 흘러 줄기를 안는다.

꽃은 줄기 끝에 2~3개씩 옆을 향해 핀다. 꽃덮이의 대롱부는 길고 끝부분은 나팔모양이다.

* 여러해살이풀
* 줄기 : 50~100cm
* 개화 : 5~6월
* 열매 : 삭과

**들꽃 이야기** *햇볕이 들지 않는 숲이나 서늘한 나무그늘에서 자란다. 유럽 원산이며 세계적으로 꽃꽂이용, 의식용으로 재배한다. 유럽과 미국에서는 꽃이 희고 크며 향이 좋아 부활절에 쓰인다.*

# 벌깨덩굴 Meehania urticifolia [꿀풀과]

풀에서 향기가 난다. 줄기는 땅 위를 길게 벋고, 잎은 마주나며 잎몸은 심장모양 타원형이다.

자주색 꽃은 윗부분의 잎겨드랑이에 옆을 향해 핀다. 꽃부리는 입술모양이며, 아랫입술은 뒤로 젖혀져 2개로 갈라지고 안쪽에 짙은 보라색 무늬와 긴 흰 털이 있다.

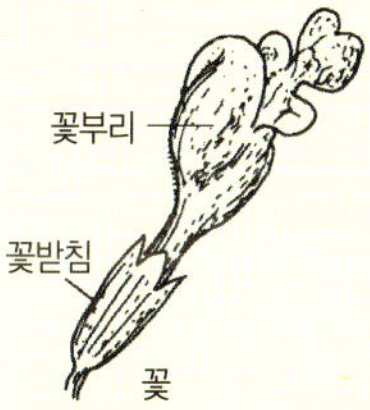


* 여러해살이풀

* 줄기 : 15~30cm

* 개화 : 5월

* 열매 : 분과

**들꽃 이야기** *숲 속이나 주변에서 흔히 자란다. 꽃에 벌이 잘 날아들며, 잎이 깻잎을 닮아 벌깨덩굴이라는 이름이 붙여졌다. 꽃이 흰 흰벌깨덩굴과 꽃이 붉은 붉은벌깨덩굴이 있다.*

# 벚꽃 Prunus serrulata [장미과]

나무껍질은 암갈색을 띤다. 어린 가지에는 털이 없다. 잎은 어긋나며, 잎몸은 달걀모양 또는 달걀모양 피침형으로 끝이 길게 뾰족하며 양면에 털이 없고 가장자리에 잔톱니가 있다.

흰색 꽃 3~5개가 잎겨드랑이에 잎과 거의 같이 핀다. 꽃잎 끝이 깊게 파인다.

* 낙엽 활엽 교목
* 줄기 : 20m 정도
* 개화 : 4~5월
* 열매 : 핵과

들꽃 이야기

*전국 곳곳의 산속에서 자란다. 벚나무에 비해 꽃자루와 잎 뒷면, 잎자루에 털이 조금 있으면 '잔털벚나무'라고 하고, 털이 많으면 '털벚나무'라고 한다.*

# 복수초 Adonis amurensis [미나리아재빗과]

뿌리줄기는 굵고 짧으며 흑갈색이다. 잎은 어긋나고 잎몸은 여러 갈래로 잘게 갈라지며, 짙은 녹색이다.

짙은 노란색 꽃은 줄기나 가지 끝에 1개씩 위를 향해 핀다. 꽃받침조각은 흑자색이며, 꽃잎은 20~30개이다. 열매에 털이 촘촘히 나 있다.

* 여러해살이풀
* 줄기 : 15~30cm
* 개화 : 4월
* 열매 : 수과

들꽃 이야기 *제주도, 경기도, 강원도 이북의 볕이 잘 드는 숲 속에서 자란다. 복과 장수를 가져다 주는 꽃이라 하여 복수초라고 부른다. 우리나라에 복수초, 개복수초, 세복수초가 자란다.*

# 봄구슬붕이 Gentiana thubergii [용담과]

뿌리에서 난 잎은 로제트모양을 이룬다. 줄기잎은 마주나며, 잎몸은 밑부분이 서로 붙어 줄기를 둘러싼다.

꽃은 청자색으로 줄기 끝에 1개씩 위를 향해 달린다. 열매는 긴 자루가 있으며 2개로 갈라진다. 꽃받침과 꽃부리는 열매가 맺힌 후에도 남아 있다.

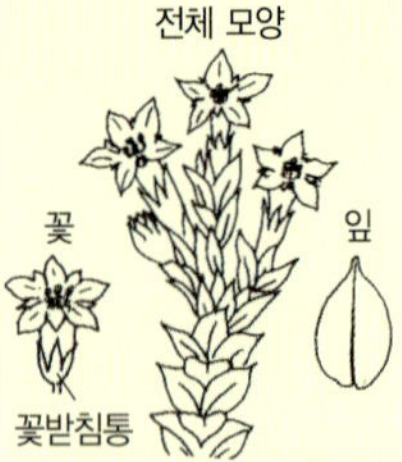


* 두해살이풀
* 줄기 : 5~15cm
* 개화 : 4~5월
* 열매 : 삭과

들꽃 이야기

*습지나 볕이 잘 드는 산속 풀밭에서 자란다. 구슬붕이와 함께 봄에 꽃이 피고 생김새가 닮았지만, 봄구슬붕이의 부화관에는 작은 톱니가 있어 구별된다.*

# 산괭이눈 Chrysosplenium japonicum [범의귀과]

꽃줄기에 1~2개의 잎이 어긋난다. 잎몸은 콩팥모양이며, 가장자리에 7~11개의 얕은 톱니가 있다.

꽃은 지름 4~5mm로, 6~10개가 줄기 끝에 촘촘하게 모여 핀다. 꽃잎은 없고 꽃받침조각이 4개로 연한 녹색을 띠며 밑부분은 노란색을 띤다.

* 여러해살이풀
* 줄기 : 5~10cm
* 개화 : 4~5월
* 열매 : 삭과

들꽃 이야기

*경북, 경기도 지방의 산속 물가나 습지에서 자란다. 활짝 핀 꽃이나 열매가 고양이가 눈을 지그시 감고 있는 모습을 연상하게 하여 산괭이눈이라는 이름이 붙여졌다.*

# 산괴불주머니 Corydalis speciosa [현호색과]

줄기 밑부분에서 가지가 갈라진다. 잎은 어긋나고 잎몸은 깃 모양 겹잎이며, 회백색을 띠고 부드럽다.

노란 꽃 15~20개가 줄기나 가지 끝에 술모양 꽃차례로 달리며, 꽃잎은 4개이다. 열매는 활처럼 굽으며 10~15개의 마디가 있고 각각에 1개의 씨가 있다.

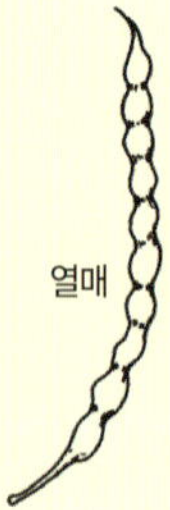


* 두해살이풀
* 줄기 : 30~50cm
* 개화 : 4~5월
* 열매 : 삭과

**들꽃 이야기**

*산속에서 자란다. 괴불주머니는 색 헝겊에 솜을 넣고 수를 놓아 만든 노리개를 말한다. 이 풀의 생김새가 괴불주머니를 닮아 붙여진 이름이다.*

# 산마늘 Allium victorialis [백합과]

비늘줄기는 오래된 잎집이 변한 섬유질에 싸여 있고, 마늘 냄새가 나며 날로 먹는다. 잎은 편평한 긴 타원형이다.

꽃은 꽃줄기 끝에서 우산모양 꽃차례를 이루고, 꽃덮이조각은 순백색이나 연한 노란색을 띤다. 꽃밥은 황록색이다. 열매는 둥글고, 씨는 세모지다.

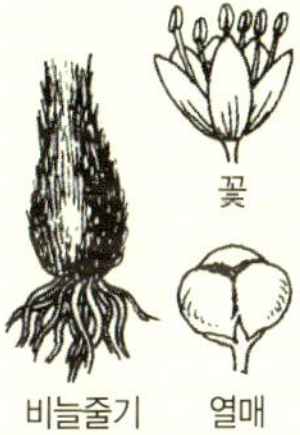


* 여러해살이풀
* 줄기 : 40~70cm
* 개화 : 5~6월
* 열매 : 삭과

들꽃 이야기

*울릉도와 지리산, 강원도(설악산) 이북의 깊은 숲 속에서 자란다. '멩이, 맹이, 명이'라고도 한다. 풀에서 마늘 냄새가 나서 산마늘이라고 부른다.*

## 산삼 Panax ginseng [두릅나뭇과]

줄기는 해마다 1개가 곧게 자라며 그 끝에 3~4개의 잎이 돌려난다. 잎자루가 길고 잎몸은 5개로 갈라져 손바닥모양 겹잎을 이룬다. 작은 잎은 바깥쪽의 것이 작고 가운데 3개는 끝이 뾰족하며, 가장자리에는 가는 톱니가 있다.

해마다 땅속줄기에서 싹이 나오고 가을에는 줄기와 잎이 말라서 죽는데, 이 말라서 죽은 줄기의 흔적을 보면 나이를 짐작할 수 있다. 잎은 해마다 1장씩 늘어 5~6년이 지나면 5~6장이 달린다.

싹이 나온 지 3년이 지나면 꽃자루 끝에 4~40개의 연한 노란빛 녹색의 작은 꽃이 우산모양 꽃차례를 이루며 달린다. 꽃잎과 수술은 5개이며 암술은 1개이다. 열매는 익으면 선홍색을 띤다.

들꽃 이야기

*깊은 산 숲 속에서 자란다. 뿌리가 사람의 몸통에 팔과 다리가 달려 있는 모양을 하고 있다. 예로부터 불로장생의 명약으로 알려져 있으며, 우리나라에서는 약용식물로 재배할 경우 보통 4~6년이 될 때 수확한다.*

열매

* 여러해살이풀
* 줄기 : 60cm 정도
* 개화 : 4~5월
* 열매 : 핵과

# 삼지구엽초 Epimedium koreanum [매자나뭇과]

줄기는 가늘고 털이 없이 매끈하다. 줄기 윗부분에서 3개의 가지가 갈라지며, 가지마다 달걀모양의 작은 잎이 달린다.

연한 노란색 꽃은 8~10개가 줄기 끝에 술모양 꽃차례를 이루어 밑을 향해 달린다. 꽃잎은 4개이고, 며느리발톱은 4개이며 활처럼 휘어진다.

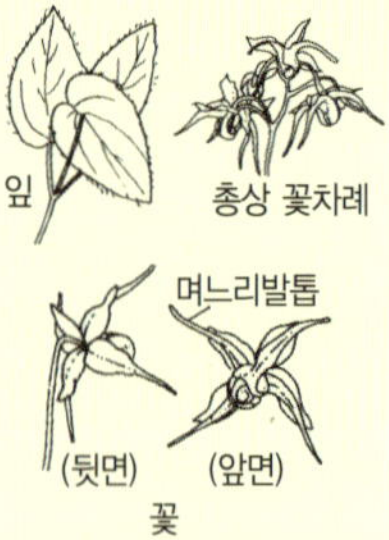


* 여러해살이풀
* 줄기 : 20~30cm
* 개화 : 4~5월
* 열매 : 골돌과

들꽃 이야기

*경기도 이북의 숲 속에서 자란다. '음양곽'이라고도 한다. 갈라진 3개의 가지에 각각 3개의 잎이 달린다고 하여 삼지구엽초라고 부른다.*

# 수수꽃다리 Syringa dilatata [물푸레나뭇과]

나무껍질은 회색이고, 어린 가지는 갈색 또는 붉은빛을 띤 회색이다. 잎은 마주나고 잎몸은 둥글며 끝이 뾰족하고 양면에 털이 없으며 가장자리가 밋밋하다.

가지 끝에 원뿔 꽃차례로 연한 자주색 꽃이 빽빽하게 핀다. 향기가 짙다. 꽃부리는 끝이 4개로 갈라져 수평하게 퍼진다.

* 낙엽 관목
* 줄기 : 2~3m
* 개화 : 4~5월
* 열매 : 삭과

들꽃 이야기 *제주도와 황해도, 강원도 이북으로 산지의 주로 석회암 지대에서 자란다. 우리나라 고유종이다. '조선정향, 개똥나무, 해이라크'라고도 한다.*

## 앉은부채 Symplocarpus renifolius [천남성과]

악취가 난다. 뿌리줄기는 짧고 뿌리는 굵다. 4월에 잎보다 먼저 꽃이 핀다. 잎은 뭉쳐나고 긴 잎자루가 있으며, 잎몸은 심장 모양이다.

살이삭 꽃차례를 싸고 있는 불염포는 원형이고, 연한 자갈색을 띠며 두껍다. 열매는 꽃차례에 파묻혀 여름에 붉게 익는다.

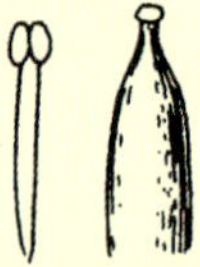


* 여러해살이풀
* 줄기 : 10~20cm
* 개화 : 4월
* 열매 : 액과(장과)

**들꽃 이야기** *경기도, 강원도 이북의 산속 응달에서 자란다. 꽃은 가부좌를 튼 부처를 닮고, 불염포는 부처를 비추는 빛처럼 보여서 앉은부채(앉은부처)라는 이름이 붙여졌다.*

# 알록제비꽃 Viola variegata [제비꽃과]

여러 개의 잎이 뿌리에서 뭉쳐나며 전체에 잔털이 있다. 잎몸은 넓은 달걀모양 또는 심장모양이다. 잎 앞면은 잎맥에 따라 흰 무늬가 뚜렷하고, 뒷면은 자주색이다.

진한 자주색 꽃은 긴 잎자루 끝에 1개씩 옆을 향해 달린다. 타원형 열매에 잔털이 있다.

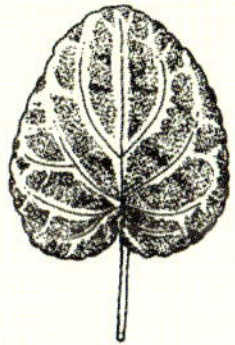

잎

* 여러해살이풀
* 줄기 : 2~5cm
* 개화 : 5월
* 열매 : 삭과

**들꽃 이야기** *산중턱 이하에서 자란다. 알록제비꽃과 자주알록제비꽃은 뫼제비꽃에서 분화된 종이다. 잎에 녹색과 흰색의 알록달록한 무늬가 있어 알록제비꽃이라고 부른다.*

## 애기괭이눈 Chrysosplenium flagelliferum [범의귓과]

땅을 기는 줄기에서 뿌리가 돋아 새로운 개체가 발달한다. 잎은 어긋나고, 잎몸은 원형으로 가장자리에 둔한 톱니가 있다.

4개의 꽃받침조각은 녹색 또는 황록색을 띠며 꽃잎은 없다. 수술은 7개이고 암술대는 2개로 갈라진다. 꽃밥은 노란색이다. 열매 곁에 잔돌기가 있다.

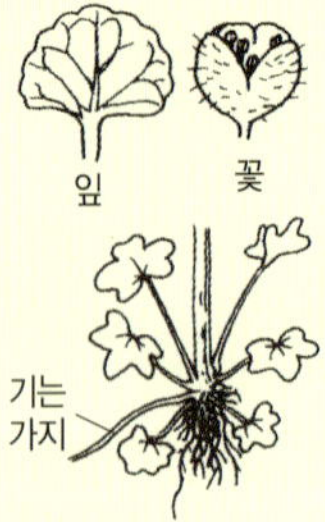


* 여러해살이풀
* 줄기 : 3~15cm
* 개화 : 4~5월
* 열매 : 삭과

들꽃 이야기

*산골짜기의 물가나 습한 바위에서 자란다. '덩굴괭이눈, 만금요'라고도 한다. 괭이눈보다 키가 작아 애기괭이눈이라고 부른다. 잎과 줄기를 나물로 먹는다.*

# 애기나리 Disporum smilacinum [백합과]

뿌리줄기가 길게 옆으로 벋으며, 줄기는 곧게 서고 가지는 갈라지지 않는다. 줄기 밑부분에 막질의 칼집처럼 생긴 잎집이 3~4개 줄기를 싸고 있다. 잎은 어긋나고 긴 타원형이다.

줄기 끝에 1~2개의 흰 꽃이 밑을 향해 핀다. 꽃밥은 노란색이다. 열매는 검게 익는다.

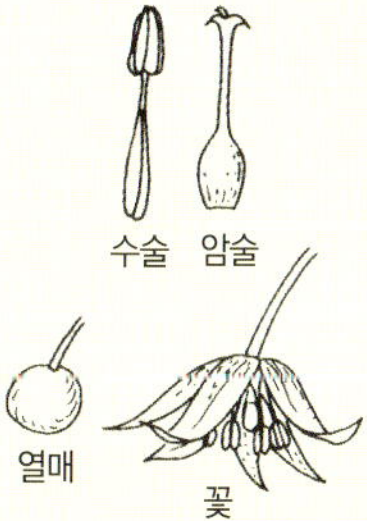


* 여러해살이풀
* 줄기 : 15~30cm
* 개화 : 4~5월
* 열매 : 액과(장과)

**들꽃 이야기** *숲 속 응달에서 자란다. 애기나리라는 이름은 나리보다 작다고 하여 붙여진 이름이다. 어린순은 나물로 먹고, 뿌리줄기는 한방에서 약재로 쓴다.*

# 얼레지 Erythronium japonicum [백합과]

비늘줄기는 긴 타원형이며 땅 속 깊이 있다. 잎몸은 긴 타원형으로, 밑부분은 긴 잎자루로 이어지며 꽃줄기 중간에서 마주난다.

홍자색 꽃은 줄기 끝에 1개씩 밑을 향해 핀다. 꽃잎은 심하게 뒤로 젖혀진다. 열매가 익을 때쯤 꽃줄기는 땅 위로 쓰러진다.

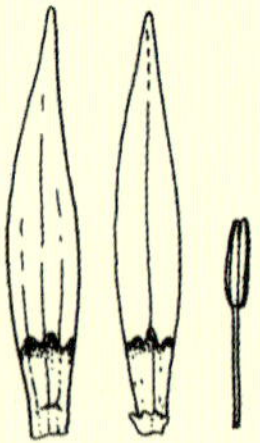


* 여러해살이풀
* 줄기 : 10~20cm
* 개화 : 4월
* 열매 : 삭과

**들꽃 이야기** *숲 속이나 산기슭 부식토에서 자란다. 잎자루는 땅속에 묻히고 얼룩덜룩한 자주색 잎만 위로 나와 붙여진 이름이다. 싹이 터 꽃이 피기까지 7년 이상 걸린다.*

# 용둥굴레 Polygonatum involucratum [백합과]

줄기 윗부분은 밑으로 기울며, 잎은 어긋난다. 잎몸은 타원형으로, 끝이 갑자기 좁아지고 뒷면은 회백색이다.

꽃은 잎겨드랑이에 피고, 긴 꽃자루에 의해 밑으로 처진다. 대롱모양의 꽃덮이는 백록색으로, 끝이 6개로 얕게 갈라져 뒤로 젖혀진다. 열매는 검게 익는다.

꽃이 달린 상태

* 여러해살이풀
* 줄기 : 20~40cm
* 개화 : 5~6월
* 열매 : 액과(장과)

**들꽃 이야기** *산속 나무 그늘에서 자란다. 꽃을 덮는 포엽이 커서 다른 둥굴레와 구별된다. 꽃줄기, 포, 잎 뒷면에 돌기가 있고, 암술대가 씨방 길이의 2배인 목포용둥굴레도 있다.*

# 윤판나물 Disporum sessile [백합과]

뿌리줄기는 길게 옆으로 벋으며, 줄기 윗부분에서 몇 개의 가지가 갈라진다. 잎자루는 없고, 잎몸은 긴 타원형으로 끝이 뾰족하다.

노란색 꽃이 2~3개 가지 끝에서 밑을 향해 핀다. 꽃덮이조각은 대롱모양이며, 열매는 검게 익고, 흰 가루로 덮여 있다.

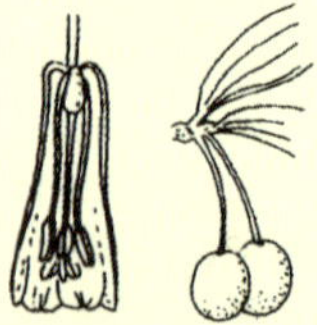


* 여러해살이풀
* 줄기 : 30~50cm
* 개화 : 4~5월
* 열매 : 액과(장과)

들꽃 이야기

*울릉도, 제주도와 경기도, 강원도 이남 숲 속에서 자란다. 관상용으로 심으며 어린순은 나물로 먹는다. 민간에서 기침, 식체, 폐결핵에 약재로 쓴다.*

# 은난초 Cephalanthera erecta [난초과]

줄기는 곧게 서고 털이 없으며, 잎은 어긋난다. 잎몸은 긴 타원형으로 끝이 뾰족하다.

흰 꽃은 줄기 끝에 3~10개가 술모양 꽃차례로 달린다. 곁꽃잎은 넓은 피침형으로 꽃받침조각보다 조금 짧고, 입술꽃잎 밑부분은 짧은 며느리발톱을 이루며 꽃 밖으로 벋어난다.

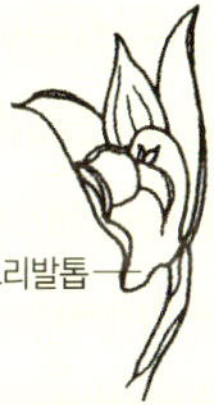

꽃

* 여러해살이풀
* 줄기 : 10~30cm
* 개화 : 5~6월
* 열매 : 삭과

**들꽃 이야기** *울릉도, 제주도와 경기도, 강원도 이남의 숲 속 응달에서 자란다. 흰 꽃이 피고 꽃받침조각은 길이 10mm 이하이며 입술꽃잎에 3개의 줄이 있어 금난초와 구별된다.*

# 은대난초 Cephalanthera longibracteata [난초과]

줄기는 곧게 선다. 잎은 2줄로 어긋나며 잎몸은 긴 타원형으로 끝이 뾰족하다.

꽃은 흰색으로 완전히 펴지지 않는다. 곁꽃잎은 꽃받침조각보다 짧고 폭이 넓으며, 입술꽃잎 밑부분은 며느리발톱으로 번어난다. 꽃술대와 입술꽃잎은 길이가 같고, 끝에 꽃밥이 있다.

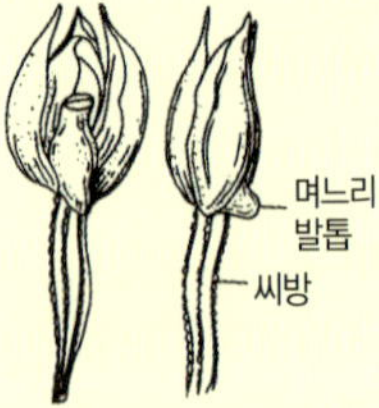


꽃

* 여러해살이풀
* 줄기 : 30~50cm
* 개화 : 5~6월
* 열매 : 삭과

들꽃 이야기

*산속 나무 그늘에서 자란다. '은대란'이라고도 한다. 풀 전체에 털 같은 돌기가 나고, 첫째 포가 꽃차례보다 길어 은난초와 구별할 수 있다.*

# 은방울꽃 Convallaria keiskei [백합과]

뿌리줄기가 길게 땅속으로 벋으며, 꽃줄기의 밑부분은 비늘잎에 싸여 있다. 잎은 긴 타원형으로 짙은 녹색을 띠며 뒷면은 회백색이다.

꽃줄기 끝에 종모양의 흰 꽃 10개 정도가 술모양 꽃차례를 이루어 밑을 향해 달리며 향기가 짙다. 열매는 붉게 익는다.

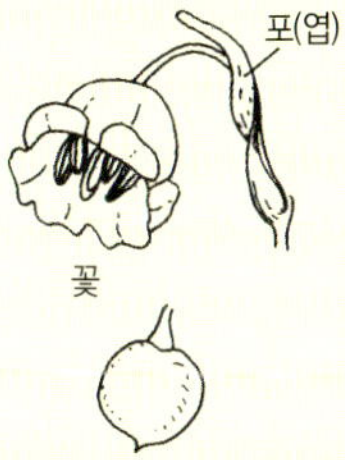


* 여러해살이풀
* 줄기 : 20~30cm
* 개화 : 5월
* 열매 : 액과(장과)

**들꽃 이야기** *낮은 산속 응달에서 자란다. 꽃이 은방울을 닮아 은방울꽃이라는 이름이 붙여졌다. 은은한 향을 풍겨 '향수화'라고도 한다. 꽃말은 '순애, 행복, 기쁜 소식, 사랑'이다.*

# 자운영 Astragalus sinicus [콩과]

무리지어 자란다. 잎은 어긋나고 홀수 깃모양 겹잎이며, 작은 잎은 9~11개로 긴 타원형이다.

자홍색 또는 흰색 꽃 7~10개가 우산모양 꽃차례를 이룬다. 꽃받침에 흰 털이 있다. 10개의 수술 중 9개는 밑부분에 붙어 있고, 1개는 떨어져 있다. 꼬투리는 털이 없고 검게 익는다.

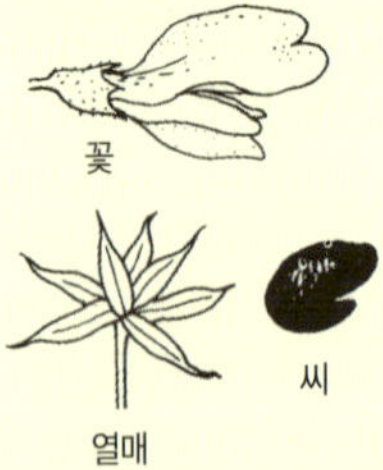


* 두해살이풀
* 줄기 : 10~25cm
* 개화 : 4~5월
* 열매 : 꼬투리

**들꽃 이야기** *논밭이나 산속 풀밭에서 자란다. '연화초, 홍화채, 쇄미제, 야화생'이라고도 한다. 어린 순은 나물로 먹고, 풀 전체를 약재로 쓴다. 꽃은 중요한 밀원식물이다.*

# 잔털제비꽃 Viola keiskei [제비꽃과]

풀 전체에 털이 많다. 뿌리에서 여러 개의 잎이 뭉쳐난다. 잎몸은 심장모양이며, 끝이 둥글고 가장자리에 둔한 톱니가 있다.

꽃은 흰색으로, 잎과 길이가 거의 같은 꽃자루 끝에 1개씩 옆을 향해 달린다. 꽃받침조각은 끝이 둔하고 털이 없다. 입술꽃잎에는 자주색 줄무늬가 있다.

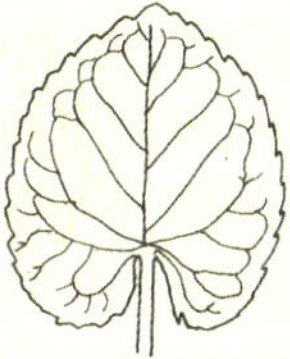

잎

* 여러해살이풀
* 줄기 : 20~25cm
* 개화 : 4월
* 열매 : 삭과

들꽃 이야기

*경기도와 강원도 이남, 제주도의 산속에서 자란다. 제비꽃의 일종으로, 꽃줄기는 물론 풀 전체에 잔털이 많이 나서 잔털제비꽃이라는 이름이 붙여졌다.*

# 조릿대 Sasa borealis [벼과]

줄기가 단단하다. 마디 사이는 2~10cm이며, 처음에는 털이 있지만 차차 없어진다.

잎은 가지 끝에 2~3개씩 달리고, 잎몸은 긴 타원모양 피침형이다. 잎은 두껍고 윗면은 짙은 녹색, 뒷면은 분백색을 띤다. 꽃은 여러 개의 잔꽃으로 잔이삭을 이룬다.

* 여러해살이풀
* 줄기 : 1~2m
* 개화 : 5~6월
* 열매 : 영과

들꽃 이야기

*황해도, 강원도 이남의 숲 속에서 자란다. 줄기는 조리(삼태기 모양의 쌀을 이는 데 쓰는 기구)를 만드는 데 쓰고, 잎은 약재로 쓰며, 열매는 먹는다.*

# 족도리풀 Asarum sieboldii [쥐방울과]

잎몸은 끝이 뾰족하고 가장자리가 밋밋하며 양면에 털이 있다. 잎자루는 보라색을 띠며 잔털이 있다.

잎자루 밑부분에서 자란 꽃자루 끝에 진한 자홍색 꽃이 1개씩 핀다. 꽃덮이는 둥글며, 꽃덮이조각은 삼각형이다. 씨는 주름져 있다.

* 여러해살이풀
* 줄기 : 15~20cm
* 개화 : 4~5월
* 열매 : 액과(장과)

들꽃 이야기 숲 속 응달에서 자란다. 꽃 모양이 족도리(족두리)처럼 생겨서 붙여진 이름이다. 한방에서 뿌리 달린 풀 전체를 '세신'이라고 하여 약재로 쓴다.

# 졸방제비꽃 Viola acuminata [제비꽃과]

풀 전체에 흰 잔털이 조금 있다. 잎몸은 심장모양의 달걀형이다. 긴 잎자루 밑에 턱잎이 있으며 깃모양으로 갈라진다.

꽃자루는 길이 5~10cm이다. 꽃은 흰색 또는 연한 자색을 띠며 잎겨드랑이에 핀다. 며느리발톱은 매우 짧다. 꽃받침조각은 끝이 뾰족하다.

* 여러해살이풀
* 줄기 : 15~30cm
* 개화 : 5~6월
* 열매 : 삭과

들꽃 이야기 *산속 응달이나 습지에서 자란다. 작은 꽃이 올망졸망 피어난 모습에 비유하여 졸방제비꽃이라는 이름이 붙여졌다고 짐작되지만 정확하지는 않다.*

# 진황정 Polygonatum falcatum [백합과]

줄기는 곧게 서고, 윗부분은 밑으로 비스듬히 기운다. 잎은 어긋나고, 잎몸은 피침형이며 뒷면에 맥을 따라 잔돌기가 있다.

꽃은 잎겨드랑이에서 밑으로 처진 꽃자루에 1~5개가 달린다. 꽃덮이는 녹백색으로 끝이 얕게 6개로 갈라진다. 열매는 검게 익는다.

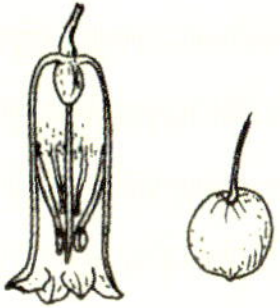


* 여러해살이풀
* 줄기 : 50~80cm
* 개화 : 5~6월
* 열매 : 액과(장과)

들꽃 이야기 *울릉도, 제주도와 영호남 지방의 숲 속에서 자란다. 한방에서는 뿌리줄기를 '황정'이라고 하여 피로, 갈증, 마른기침 등의 약재로 쓴다. 어린순은 나물로 먹는다.*

## 참꽃마리 Trigonotis nakaii [지칫과]

줄기는 여러 개가 뭉쳐나서 곧게 서며, 꽃이 진 다음에는 땅 위를 벋으며 잔털이 있다. 잎은 어긋나고 잎몸은 끝이 뾰족하다.

꽃은 연보라색으로 잎겨드랑이에 1개씩 달린다. 꽃이 진 후 꽃받침이 자라 길이 2.5~7mm에 이른다. 열매는 갈색으로 익는다.

* 여러해살이풀
* 줄기 : 10~15cm
* 개화 : 5~7월
* 열매 : 분과

**들꽃 이야기** *산기슭이나 숲 속 응달에서 자란다. '며느리장종지'라고도 하는데, 옛날에 시어머니가 며느리가 먹는 장이 아까워 꽃잎에 장을 담아 먹게 했다는 이야기가 전한다.*

# 처녀치마 Heloniopsis orientalis [백합과]

뿌리줄기는 짧고 굵다. 잎은 뿌리에서 로제트모양으로 나며, 피침형으로 광택이 있다. 꽃줄기 밑부분에 잎집을 이루는 바늘잎이 어긋난다.

분홍색 꽃은 꽃줄기 끝에 3~10개가 술모양 꽃차례를 이룬다. 세모진 열매는 위를 향해 달린다. 씨는 양끝이 뾰족하다.

꽃

* 여러해살이풀
* 줄기 : 10~30cm
* 개화 : 4~5월
* 열매 : 삭과

**들꽃 이야기** *산속 습한 응달에서 자란다. 잎이 땅바닥에 사방으로 둥글게 퍼져 있는 모습이 옛날 처녀들이 즐겨 입던 치마와 비슷하다고 하여 붙여진 이름이다.*

## 천남성 Arisaema amurense [천남성과]

알줄기는 납작하며 윗부분에서 수염뿌리가 난다. 꽃줄기는 녹색과 자색 무늬가 있다. 잎은 5~11개의 작은 잎으로 이루어진다.

꽃은 암수그루가 다른데, 수그루의 꽃차례에는 자색 꽃밥(수꽃)이 달리고, 암그루 꽃차례에는 녹색 씨방(암꽃)이 달린다.

열매

* 여러해살이풀
* 줄기 : 30~50cm
* 개화 : 5~6월
* 열매 : 집합과(장과)

**들꽃 이야기** *산속 응달에서 자란다. 땅속에 있는 알줄기가 호랑이 발바닥을 닮아서 '호장초'라고도 하고, 뿌리가 둥글고 희어서 '노인성'이라고도 한다.*

# 춘란 Cymbidium goeringii [난초과]

뿌리줄기는 마디 사이가 좁다. 꽃줄기의 밑부분은 잎집에 싸인다. 잎은 뿌리에서 뭉쳐나고, 잎몸은 선모양이다.

연한 황록색 꽃은 꽃줄기 끝에 1개씩 옆을 향해 피며, 향기가 있다. 곁꽃잎은 꽃받침조각과 모양이 같고, 담황색 입술꽃잎은 짙은 홍자색 반점이 있다.

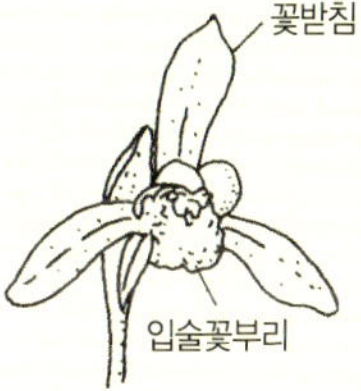

꽃

* 여러해살이풀
* 줄기 : 10~25cm
* 개화 : 3~4월
* 열매 : 삭과

들꽃 이야기 *울릉도와 제주도, 영호남 지방의 건조한 숲 속에서 자란다. 관상용으로 정원이나 화분에 재배한다. 꽃은 소금에 절였다가 끓여 차로 마시기도 한다.*

# 콩제비꽃 Viola verecunda [제비꽃과]

잎은 뿌리에서 나거나 줄기에서 어긋난다. 잎몸은 콩팥모양이며 턱잎은 선모양이다.

길이 7~14mm의 흰 꽃은 줄기 끝에 피며, 측부 꽃잎은 뒤로 젖혀지고 털이 조금 있다. 며느리발톱은 2~3mm이고, 꽃받침조각은 넓은 피침형으로 끝이 뾰족하다.

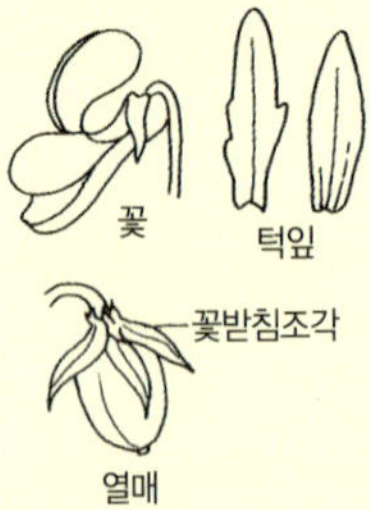


* 여러해살이풀
* 줄기 : 7~15cm
* 개화 : 4~5월
* 열매 : 삭과

들꽃 이야기

*산속 응달에서 자란다. '여의초'라고도 한다. 꽃이 콩알처럼 작아 붙여진 이름이다. 잎의 밑부분이 초승달처럼 깊게 파인 것을 '애기콩제비꽃'이라고 한다.*

# 큰개별꽃 Pseudostellaria palibiniana [석죽과]

길이 3~5cm의 덩이뿌리가 있다. 잎은 자루 없이 마주나며 위로 올라갈수록 커진다. 잎은 가장자리가 밋밋하며 털이 없다.

흰 꽃은 줄기 끝에 4~5개가 위를 향해 달린다. 꽃받침조각은 가장자리에 털이 있으며, 꽃잎은 끝이 얕게 파인다. 열매는 4개로 갈라진다.

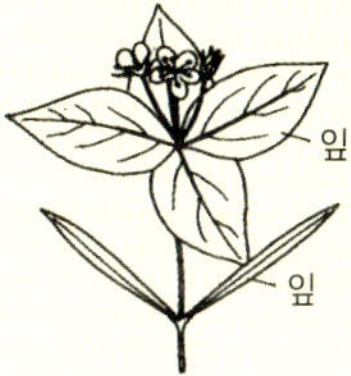

꽃이 달린 모습

* 여러해살이풀
* 줄기 : 10~15cm
* 개화 : 4~5월
* 열매 : 삭과

들꽃 이야기 *산속에서 자란다. 다섯 개의 하얀 꽃잎의 끝이 요철(凹)모양으로 움푹 들어가 있으며, 검붉은 꽃밥이 점을 찍어놓은 것처럼 보인다.*

# 큰구슬붕이 Gentiana zollingeri [용담과]

줄기는 곧게 선다. 잎은 빽빽하게 마주나며, 잎몸은 넓은 달걀형으로 두꺼운 가죽질이다. 잎 뒷면은 적자색을 띠고 밑부분은 서로 붙어 짧게 줄기를 감싼다.

줄기 끝에 청자색 꽃 여러 개가 위를 향해 핀다. 꽃받침은 대롱모양이며 중간 정도까지 갈라진다.

* 두해살이풀
* 줄기 : 5~10cm
* 개화 : 5~6월
* 열매 : 삭과

들꽃 이야기

*숲 속에서 자란다. 구슬붕이와 비교하면 뿌리에서 나온 잎이 방석처럼 퍼지지 않고, 줄기에 달린 잎보다 작으며, 꽃받침 조각이 뒤로 젖혀지지 않는다.*

# 큰애기나리 Disporum viridescens [백합과]

줄기 윗부분에서 가지가 갈라지고, 밑부분에 잎집이 줄기를 싼다. 잎은 어긋나며 잎몸은 긴 타원형으로 끝이 뾰족하다. 잎 가장자리와 맥 위에 가는 돌기가 있다.

가지 끝에서 연녹색 꽃이 밑을 향해 핀다. 꽃덮이조각은 6개이고 열매는 검게 익는다.

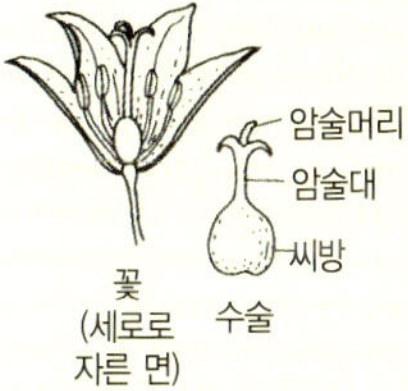


* 여러해살이풀
* 줄기 : 30~70cm
* 개화 : 5~6월
* 열매 : 액과(장과)

들꽃 이야기

*숲 속에서 자란다. 애기나리는 수술대의 길이가 5~6mm이고 꽃밥이 수술대 길이의 반 정도이지만, 큰애기나리는 수술대와 꽃밥의 길이가 비슷하다.*

# 큰앵초 Primula jesoana [앵초과]

꽃줄기에 잔털이 있다. 잎은 뿌리에서 나며, 긴 잎자루가 있다. 잎몸은 원형으로, 가장자리에 불규칙하게 톱니가 있으며 뒷면에 털이 있다.

꽃은 줄기 윗부분에 2~3단으로 층을 이루어 각 층에 5~8개씩 돌려난다. 꽃받침통은 5개로 갈라지고 꽃부리는 붉은색이다.

잎

* 여러해살이풀
* 줄기 : 30~40cm
* 개화 : 5~7월
* 열매 : 삭과

들꽃 이야기

*깊은 산속 응달이나 물가에서 자란다. 한방에서 뿌리를 약재로 쓴다. 어린순은 나물로 먹는다. 꽃줄기와 잎자루에 긴 털이 많은 것을 '털큰앵초'라고 한다.*

# 큰연령초 Trillium kamtschaticum [백합과]

뿌리줄기는 굵고 짧다. 줄기 끝에 잎자루가 없는 큰 달걀모양의 잎이 3개로 돌려난다.

꽃은 잎 사이에서 벋은 꽃자루 끝에 1개씩 위를 향해 달린다. 3개의 꽃받침조각은 녹색이며, 3개의 꽃잎은 꽃받침조각과 길이는 같지만 폭이 넓고 흰색이다. 열매는 녹색이다.

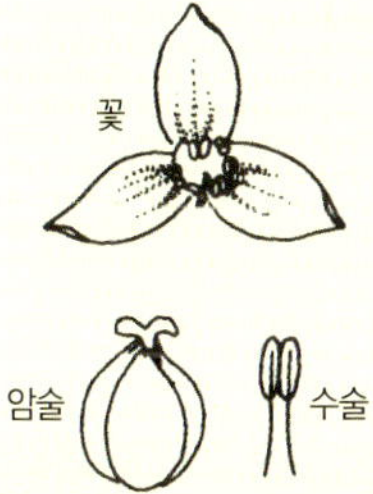


* 여러해살이풀
* 줄기 : 20~40cm
* 개화 : 5~6월
* 열매 : 액과(장과)

들꽃 이야기 *울릉도, 경기도, 강원도 이북의 깊은 산속 응달에서 자란다. 수명을 연장하는 약재라고 하여 '연령초'라고 부른다. 꽃밥이 수술대의 길이보다 1.5배 정도 길다.*

## 태백제비꽃 Viola albida [제비꽃과]

줄기는 없고 잎은 뿌리에서 뭉쳐나며 털이 없고 가장자리에 잔톱니가 있다. 잎자루 윗부분 양쪽에 좁은 날개가 있다.

꽃자루는 잎과 길이가 거의 같고, 끝에 흰 꽃이 1개씩 달린다. 꽃받침조각과 꽃잎은 각각 5개이고, 며느리발톱은 원기둥 모양이다.

* 여러해살이풀
* 줄기 : 20~25cm
* 개화 : 4~5월
* 열매 : 삭과

**들꽃 이야기** *황해도, 강원도 이남의 산속에서 자란다. 꽃이 흰색이며, 잎이 갈라지지 않는 특징이 있다. 잎이 단풍잎처럼 갈라진 것이 단풍제비꽃, 잎이 선모양인 것이 남산제비꽃이다.*

# 통둥굴레 Polygonatum inflatum [백합과]

뿌리줄기는 길게 옆으로 벋는다. 줄기는 곧게 서고 윗부분은 비스듬히 밑으로 기운다. 잎은 2줄로 어긋나고 잎몸은 타원형이며 뒷면은 백록색을 띤다.

꽃은 잎겨드랑이에 3~7개씩 달린다. 꽃덮이는 황백색으로 종모양이며 끝이 좁아진다. 열매는 검게 익는다.

* 여러해살이풀
* 줄기 : 40~80cm
* 개화 : 5~6월
* 열매 : 액과(장과)

**들꽃 이야기** *산속 나무 그늘에서 자란다. 잎 뒷면에 유리조각 같은 돌기가 있는 산둥굴레, 잎 뒷면 맥 위에 잔돌기가 많은 큰둥굴레, 잎 뒷면에 털이 있는 왕둥굴레 등이 있다.*

## 피나물 Hylomecon vernalis [양귀비과]

줄기를 자르면 황갈색 유액이 나온다. 뿌리에서 난 잎은 5~7개의 작은 잎으로 이루어진 깃 모양의 겹잎이다. 줄기잎은 어긋나고 3~5개의 작은 잎으로 이루어진다.

줄기 윗부분의 잎겨드랑이에 난 꽃자루에 짙은 노란색 꽃이 1개씩 달린다. 꽃잎은 4개이다.

꽃과 열매

* 여러해살이풀
* 줄기 : 30cm 정도
* 개화 : 4~5월
* 열매 : 삭과

**들꽃 이야기** *경기도, 강원도 이북의 숲 속에서 자란다. '여름매미꽃, 노랑매미꽃'이라고도 한다. 줄기를 꺾으면 붉은 유액이 나와 붙여진 이름이다.*

# 함박꽃나무 Magnolia sieboldii [목련과]

나무껍질은 회백색이며 갈라지지 않는다. 어린 가지나 겨울눈의 비늘조각에 누운 털이 빽빽하다.

잎은 어긋나며 넓고 긴 타원형으로 가장자리는 밋밋하다. 잎 앞면은 녹색이고 털이 없으며, 뒷면은 흰빛 녹색이고 맥 위에 털이 있다. 흰 꽃이 가지 끝에서 밑을 향해 1개씩 달린다.

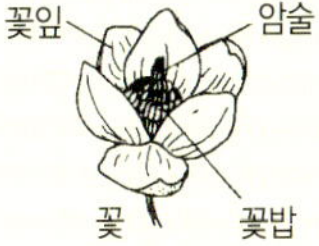


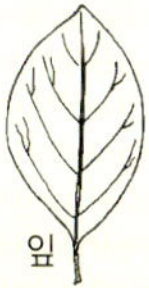


* 낙엽 활엽 교목
* 줄기 : 7~10m
* 개화 : 5~6월
* 열매 : 골돌과

들꽃 이야기

*전국 깊은 산지 중턱이나 골짜기에서 자란다. '함백이꽃, 함박이, 천녀화'라고도 한다. 잎에 반점이 있는 얼룩함박꽃나무, 꽃잎이 12개 이상인 겹함박꽃나무가 있다.*

# 홀아비꽃대 Chloranthus japonicus [홀아비꽃댓과]

뿌리줄기는 옆으로 벋으며, 마디에서 돋은 줄기는 가지가 갈라지지 않는다. 잎은 광택이 나고 줄기 윗부분에서 마주난다. 마디 사이가 짧아서 4개의 잎이 돌려난 것처럼 보인다.

1개의 꽃대에 3개의 수술대와 씨방만으로 암술이 이루어진 꽃이 이삭모양으로 달린다.

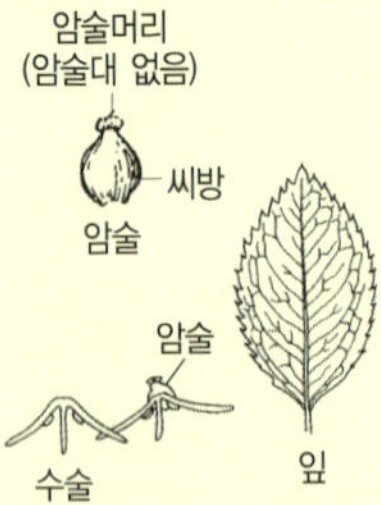


* 여러해살이풀
* 줄기 : 10~25cm
* 개화 : 4~5월
* 열매 : 삭과

들꽃 이야기

*산속 응달에서 자란다. 꽃잎도 없이 1개의 꽃이삭이 홀아비같이 외롭게 자라므로 홀아비꽃대라는 이름이 붙여졌다. 꽃대는 꽃이삭이 2개인 것을 말한다.*

# 홀아비바람꽃 Anemone koraiensis [미나리아재빗과]

우리나라 고유식물이다. 뿌리줄기는 굵다. 뿌리에서 생긴 1~2개의 잎은 잎자루가 길고, 잎몸은 3~5개로 깊게 갈라진다.

꽃줄기 윗부분에 깊게 3개로 갈라진 잎모양의 포엽이 돌려나며, 그 사이에서 자란 꽃자루 끝에 흰 꽃이 1개씩 위를 향해 핀다. 꽃밥은 노란색이다.

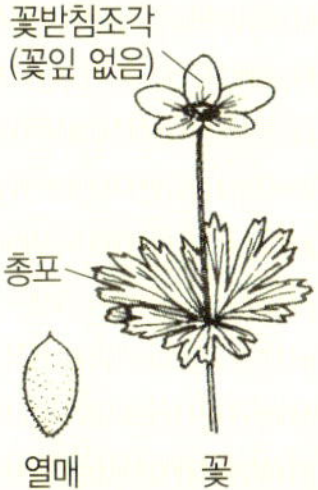


* 여러해살이풀
* 줄기 : 7cm 정도
* 개화 : 4~5월
* 열매 : 수과

들꽃 이야기 *경기도, 강원도 이북의 깊은 산속 나무 그늘에서 자란다. 꽃줄기에 1개의 흰 꽃이 홀로 피어난 모습이 홀아비를 연상하게 하여 붙여진 이름이다.*

# 회리바람꽃 Anemone reflexa [미나리아재빗과]

뿌리줄기는 땅속을 벋으며, 꽃줄기 끝에 3개의 3출 겹잎처럼 보이는 총포엽이 돌려난다.

꽃자루 끝에 흰 꽃이 1개 핀다. 꽃잎 같은 5개의 꽃받침조각은 흰색이다. 꽃받침조각이 떨어지면 노란 꽃밥이 보인다. 암술과 수술은 여러 개이고 암술대는 수술보다 길다.

* 여러해살이풀
* 줄기 : 30cm 정도
* 개화 : 5~6월
* 열매 : 수과

들꽃 이야기

*경기도 이북의 숲 속에서 자란다. 풀 이름에서 '회리'는 '회호리'라는 뜻으로, 총포엽이 회호리바람처럼 돌려난 모습에 비유하여 회리바람꽃이라 불리게 되었다.*

# 흰털괭이눈 Chrysosplenium barbatum [범의귀과]

뿌리에서 옆으로 벋는 줄기가 없다. 잎은 마주나고 잎몸은 길이나 폭이 각각 1~2cm이다. 잎 뒷면을 제외하고, 전체에 털이 촘촘히 나 있다.

꽃은 연한 노란색으로, 꽃줄기 끝에 여러 개가 모여 달린다. 꽃잎은 없으며 꽃받침조각은 곧게 선다.

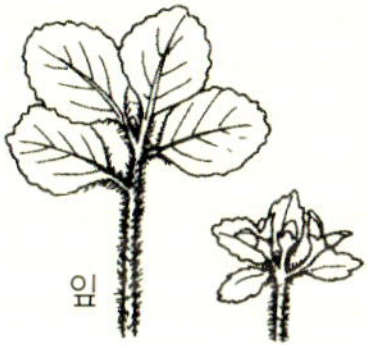


꽃, 열매가 달린 상태

* 여러해살이풀
* 줄기 : 5~8cm
* 개화 : 4~5월
* 열매 : 삭과

들꽃 이야기 *경기도, 강원도 이남의 산속 물가나 습지에서 자란다. 여러 갈래로 갈라지는 꽃줄기에 흰색의 긴 털이 빽빽하여 붙여진 이름이다. 괭이눈같이 땅을 기는 줄기가 없다.*

# 물가나 습지·바닷가

# 개구리자리 Ranunculus sceleratus [미나리아재빗과]

줄기에 털이 거의 없고 광택이 나며 속이 비어 있다. 뿌리에서 난 잎은 긴 잎자루가 있고, 잎몸은 3~5개로 갈라지며 끝이 둥글다. 줄기의 잎은 깊게 3개로 갈라진다.

짙은 노란색 꽃은 줄기 끝에 여러 개 핀다. 5개의 꽃받침조각은 털이 있고 밑으로 젖혀진다.

* 두해살이풀
* 줄기 : 10~50cm
* 개화 : 5~6월
* 열매 : 수과

**들꽃 이야기** 논두렁이나 습지에서 자란다. '놋동이풀, 늪바구지'라고도 한다. 줄기를 꺾으면 나오는 액은 피부에 닿으면 물집이 생길 정도로 독이 있다. 어린잎과 줄기를 먹기도 한다.

# 갯장구채 Melandryum oldhamianum [석죽과]

전체에 잔털이 있고, 줄기는 뭉쳐난다. 잎은 마주나고 잎몸은 피침형이며 끝이 날카롭고 가장자리가 밋밋하다.

줄기나 가지 끝에 가늘고 긴 자루를 가진 분홍색 꽃이 많이 핀다. 꽃받침은 짧은 통모양으로 끝이 5개로 갈라진다. 꽃잎은 5개로 둘로 갈라진다.

* 두해살이풀
* 줄기 : 50cm 정도
* 개화 : 5~6월
* 열매 : 삭과

**들꽃 이야기** *우리나라 특산종으로 제주도, 전라남북도, 경상남북도, 황해도 등지에 분포한다. 비슷한 종으로 흰색 꽃이 피는 '흰갯장구채'가 있다.*

## 노랑꽃창포 Iris pseudoacorus [붓꽃과]

잎은 2줄로 늘어선다. 꽃은 노란색이다. 3개의 겉꽃덮이조각은 넓은 달걀모양으로 밑으로 처지며, 속꽃덮이조각은 긴 타원형으로 작고 곧게 선다.

암술대는 넓어지면서 3개로 갈라지고, 각각 다시 2개로 갈라진다. 열매는 삼각모양의 긴 타원형이다.

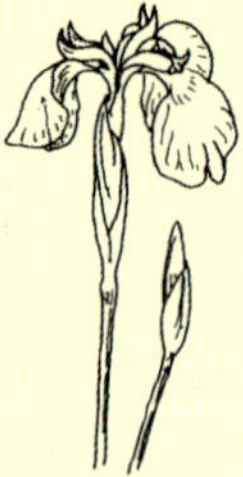

꽃

* 여러해살이풀
* 줄기 : 50~120cm
* 개화 : 5월
* 열매 : 삭과

들꽃 이야기

*못가나 습지에서 자란다. 잎의 생김새는 꽃창포와 비슷하지만, 꽃창포는 보라색 꽃이 피고, 노랑꽃창포는 노란색 꽃이 피는 점이 다르다.*

# 논냉이 Cardamine lyrata [십자화과]

풀 전체에 털이 없다. 줄기는 꽃이 필 때까지 곧게 서지만, 꽃이 지면 밑부분에서 가늘고 긴 가지가 옆으로 벋는다. 잎은 어긋나고 깃모양의 겹잎이며, 작은 잎은 7~13개이다.

꽃은 10~30개가 줄기 끝에 술모양 꽃차례로 달린다. 씨 둘레에 날개가 있다.

* 여러해살이풀
* 줄기 : 30~60cm
* 개화 : 4~5월
* 열매 : 장각과

들꽃 이야기

*습지나 논두렁에서 자란다. '논황새냉이'라고도 한다. 풀을 씹으면 입이 얼얼하게 맵다. 어떤 나라에서는 '소를 죽이는 풀'이라고 부른다고 한다.*

# 도깨비사초 Carex dickinsii [사초과]

뿌리줄기가 곧게 벋고, 줄기는 세모지며 매끄럽다. 잎은 어긋나며 넓은 선모양이다.

줄기 윗부분에 수꽃만의 잔이삭이 1개, 측부에 암꽃만의 잔이삭이 1~3개 달린다. 암꽃 잔이삭은 원형 또는 타원형이다. 과포는 황록색으로 광택이 있다. 열매는 세모지다.

꽃이 달린 상태

* 여러해살이풀
* 줄기 : 20~50cm
* 개화 : 5~6월
* 열매 : 수과

**들꽃 이야기** *물가나 산기슭의 습지에서 자란다. 긴 열매자루 끝에 매달려 있는 열매이삭의 모습이 마치 도깨비 방망이처럼 생겼다고 하여 붙여진 이름이다.*

# 뚜껑별꽃 Anagallis arvensis [앵초과]

줄기는 네모지고 곧게 서거나 비스듬히 옆으로 긴다. 잎은 마주나거나 3~4개가 돌려나며, 3~5개의 잎맥이 뚜렷하다.

잎겨드랑이에 짙은 보라색 꽃이 1개씩 위를 향해 달리며, 꽃부리의 가운데는 붉다. 둥근 열매는 익으면 가로로 갈라져 모자 같은 뚜껑이 떨어진다.

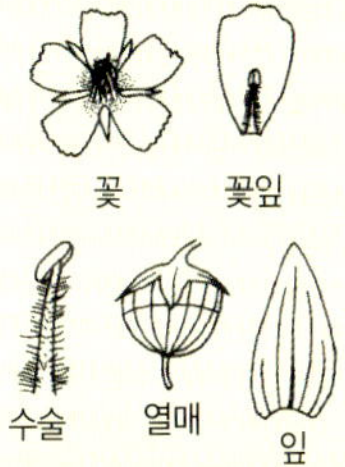


* 한해살이풀
* 줄기 : 10~30cm
* 개화 : 4~5월
* 열매 : 삭과

**들꽃 이야기** *제주도 바닷가의 풀밭이나 길가에서 자란다. '별봄맞이꽃'이라고도 한다. 열매가 익으면 가로로 갈라지면서 뚜껑처럼 열리고 많은 씨가 퍼져서 붙여진 이름이다.*

## 붓꽃 Iris nertschinskia [붓꽃과]

잎은 길이 30~60cm, 폭 5~10mm이다. 보라색 꽃은 포엽겨드랑이에 2~3개 달린다. 3개의 꽃받침조각은 넓은 거꿀달걀모양이며, 밑부분은 노란 바탕에 보라색 그물눈무늬가 있다.

3개의 꽃잎은 작고 주걱모양이다. 3개로 갈라진 연보라색의 암술머리가 꽃잎 같다.

* 여러해살이풀
* 줄기 : 30~60cm
* 개화 : 5~6월
* 열매 : 삭과

**들꽃 이야기** *산기슭의 볕이 잘 드는 습지나 골짜기에서 자란다. '계손, 수창포, 창포붓꽃'이라고도 한다. 꽃봉오리의 모습이 붓을 닮아 붓꽃이라고 부른다.*

# 석곡 Dendrobium moniliforme [난초과]

줄기는 뭉쳐나며 다육질이다. 잎은 어긋나고 광택이 나며, 잎몸은 피침형으로 끝이 둔하다.

오래된 줄기의 윗부분 마디에서 흰색 또는 연분홍색 꽃이 1~2개 옆을 향해 핀다. 꽃에서 향기가 나며, 타원형의 꽃밥에 연노란색의 꽃가루덩이가 4개 들어 있다.

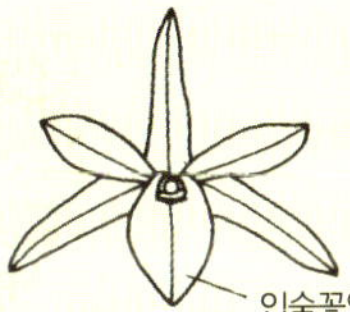


* 여러해살이풀
* 줄기 : 8~15cm
* 개화 : 5~6월
* 열매 : 삭과

들꽃 이야기 *제주도와 다도해 도서 지방, 영호남 지방의 바닷가 산속 바위나 나무에 붙어 자란다. 한방에서 뿌리를 제외한 풀 전체를 약재로 쓴다.*

# 속속이풀 Roripa islandica [십자화과]

줄기 윗부분에서 많은 가지가 갈라지며 털이 없다. 뿌리에서 난 잎은 깃모양으로 갈라진다. 줄기잎은 어긋나며 잎자루가 없고 가장자리는 톱니모양이다.

십자모양의 노란 꽃은 가지 끝에 술모양 꽃차례를 이룬다. 꽃받침조각은 타원형이며, 꽃잎은 꽃받침조각보다 길다.

* 한두해살이풀
* 줄기 : 30~60cm
* 개화 : 5~6월
* 열매 : 단각과

들꽃 이야기

*도랑 주변, 논두렁, 냇가에서 자란다. 개갓냉이와 속속이풀은 생김새가 비슷하다. 속속이풀은 '갓냉이', 개갓냉이는 '좀속속이풀'로 이름도 비슷하다.*

# 애기봄맞이 Androsace filiformis [앵초과]

잎은 뿌리에서 로제트모양으로 난다. 잎몸은 피침형이다. 잎끝은 뾰족하고 가장자리에 잔톱니가 있으며, 밑부분은 좁아지면서 잎자루를 이룬다.

꽃은 꽃줄기 윗부분에서 산모양으로 벋은 여러 개의 꽃자루에 1개씩 달린다. 꽃부리는 수평으로 퍼진다.

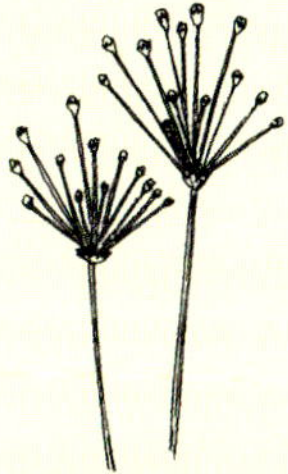

우산모양 꽃차례

* 한해살이풀
* 줄기 : 10~15cm
* 개화 : 4~5월
* 열매 : 삭과

**들꽃 이야기** *습지나 논두렁에서 자란다. 봄맞이와 생김새가 비슷하다. 애기봄맞이는 봄맞이에 비해 털이 없고 달걀모양 타원형의 잎을 가지고 있어 구별된다.*

## 앵초 Primula sieboldii [앵초과]

풀 전체에 긴 흰 털이 있다. 뿌리줄기가 짧게 옆으로 벋으며, 잎은 뿌리에서 난다. 잎몸은 타원형으로 가장자리에 톱니가 있으며, 잎자루가 길다.

자홍색 꽃은 꽃줄기 끝에 7~10개가 우산모양 꽃차례를 이룬다. 꽃잎은 수평으로 퍼진다. 수술 5개, 암술 1개이다.

* 여러해살이풀
* 줄기 : 15~40cm
* 개화 : 4~5월
* 열매 : 삭과

들꽃 이야기 *산기슭의 습지나 냇가에서 자란다. 붉은 꽃이 앵두나무 꽃과 비슷하여 앵초라는 이름이 붙여졌다. 꽃말은 '행복의 열쇠, 가련'이다.*

## 연복초 Adoxa moschatellina [연복초과]

뿌리줄기는 마디가 짧고 드문드문 비늘조각이 달린다. 줄기와 잎에 모두 털이 없다. 뿌리에서 난 잎은 2회 3출 겹잎이며, 작은 잎은 얕게 갈라진다. 줄기에 1쌍의 잎이 나고, 잎몸은 3개로 갈라진다.

황록색 꽃은 줄기 끝에 머리 모양 꽃차례를 이루어 달린다.

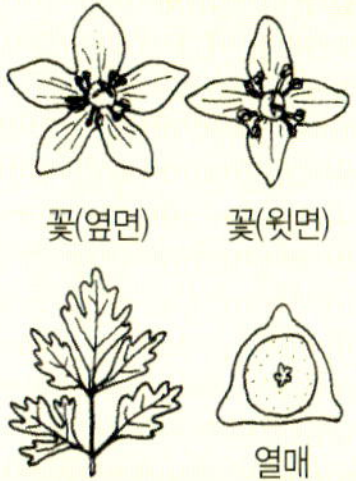


* 여러해살이풀
* 줄기 : 8~15cm
* 개화 : 4~5월
* 열매 : 핵과

들꽃 이야기

*울릉도, 제주도를 제외한 산기슭 응달이나 습지에서 자란다. 연복은 '연이어 복이 온다'는 뜻으로, 긴 땅속줄기가 얽히는 데서 복이 계속해서 이어진다는 뜻으로 붙여진 이름이다.*

# 제비붓꽃 Iris laevigata [붓꽃과]

꽃창포와 비슷하다. 잎은 중앙맥이 뚜렷하지 않다.

꽃은 지름 12cm 정도로 청자색 또는 자색이며 드물게 흰색도 있다. 겉꽃덮이의 밑부분이 흰색 또는 황백색이므로 꽃창포와 쉽게 구별된다. 수술은 3개이고 암술머리 밑에 있으며 암술대는 3개이다.

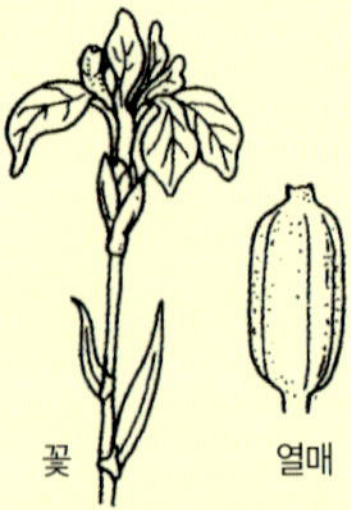


* 여러해살이풀
* 줄기 : 20cm 정도
* 개화 : 5~6월
* 열매 : 삭과

**들꽃 이야기** *산속 습지나 물가에서 자란다. '행운이 온다'는 꽃말을 가지고 있다. 꽃창포와 비슷하지만, 꽃창포는 열매 끝에 뾰족한 부리가 있고 제비붓꽃은 부리가 없다.*

# 좀개갓냉이 Rorippa cantoniensis [십자화과]

줄기 윗부분에서 가지가 갈라진다. 잎은 깃모양으로 깊게 갈라지고, 갈라진 조각은 긴 타원형이다.

꽃은 잎겨드랑이에 1개씩 달리며, 꽃자루는 매우 짧거나 거의 없다. 꽃잎은 길이 2~2.5mm이다. 6개 수술 중 4개는 길고, 암술은 1개이다.

열매와 포(엽)

* 한두해살이풀
* 줄기 : 10~40cm
* 개화 : 5~6월
* 열매 : 장각과

들꽃 이야기

*길가 습지나 밭 주변에서 자란다. 개갓냉이보다 풀 전체가 작아 '좀' 자를 붙여 좀개갓냉이라고 불린다. 열매 길이도 개갓냉이보다 짧다.*

# 창포 Acorus calamus [천남성과]

굵은 뿌리줄기가 길게 옆으로 벋으며, 식물체에 향기가 있다. 잎몸은 긴 칼모양이고 광택이 있으며 중앙맥이 돋아나고, 밑부분이 서로 얼싸안으며 2줄로 뭉쳐난다.

꽃줄기는 잎보다 짧으며 중앙부에 연한 황록색의 살이삭 꽃차례가 비스듬히 옆으로 달린다. 수술 6개, 암술 1개이다.

* 여러해살이풀
* 줄기 : 30cm 정도
* 개화 : 5~6월
* 열매 : 액과(장과)

들꽃 이야기 *전국 각지의 못가나 개울가 등에서 무리지어 자란다. 단오에 창포물에 머리를 감거나 술을 빚는다. 오염된 물에서는 자라지 않으므로 요즘에는 거의 볼 수 없다.*

# 큰황새냉이 Cardamine regeliana [십자화과]

줄기는 연약하고 거의 털이 없으며, 윗부분에서 가지가 갈라진다. 잎은 어긋나며 잎몸은 깃모양 겹잎이다. 작은 잎은 3~9개로 끝이 둔하며, 털이 없거나 조금 있다.

줄기 윗부분에 20개 정도의 흰 꽃이 술모양 꽃차례를 이루며 핀다. 열매는 털이 없다.

* 여러해살이풀
* 줄기 : 20cm 정도
* 개화 : 5~6월
* 열매 : 장각과

**들꽃 이야기** *물가나 습지에서 자란다. 황새냉이라는 이름은 열매가 황새 다리처럼 길어서 붙여졌다고 한다. 맨 위에 있는 잎이 다른 잎에 비해 크다.*

# 통보리사초 Carex kobomugi [사초과]

뿌리줄기는 갈색 섬유질에 싸인 굵은 목질로, 길게 옆으로 벋는다. 줄기는 질기고 딱딱하다.

암수그루가 다르나, 같은 그루에 암수의 잔이삭이 함께 달리기도 한다. 원기둥모양의 잔이삭이 촘촘히 달린다. 암꽃의 비늘조각은 노란색이고, 끝이 까끄라기처럼 생겼다.

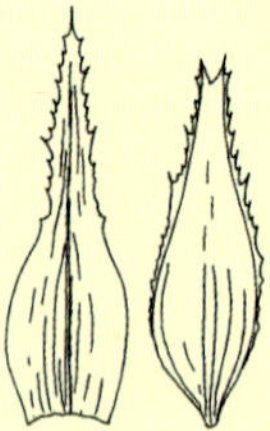

암꽃 비늘조각

과포

* 여러해살이풀
* 줄기 : 10~20cm
* 개화 : 5~7월
* 열매 : 수과

**들꽃 이야기** *바닷가 모래땅에서 자란다. '큰보리대가리'라고도 한다. 우리나라 신두리 해안사구에 자생하는 통보리사초는 해안의 모래를 붙잡아 두는 역할을 한다.*

# 황새냉이 Cardamine flexuosa [십자화과]

줄기가 갈색이고 털이 많지만, 습지나 음지에서 자란 것은 녹색이고 털이 없다. 잎은 어긋나고 잎몸은 깃모양으로 갈라진 겹잎이다. 작은 잎은 모양이 다양하다.

흰 꽃은 가지나 줄기 끝에 술모양 꽃차례를 이룬다. 열매는 둘로 갈라져 뒤로 말린다.

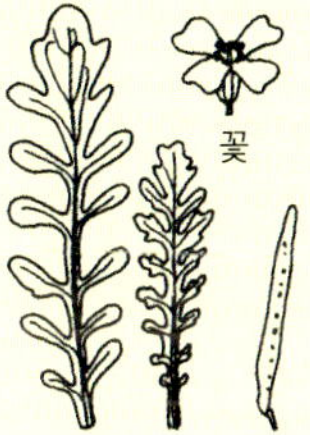


* 여러해살이풀
* 줄기 : 15~30cm
* 개화 : 4~5월
* 열매 : 장각과

**들꽃 이야기** *밭두렁과 논두렁에서 자란다. 기다란 줄기가 중간중간 꺾여서 자라는 모습이 황새 다리와 비슷하여 황새냉이라는 이름이 붙여졌다.*

# [용어 도해]

▶ 잎의 유형

▶ 잎차례의 유형

▶ 잎몸 모양

▶ 잎몸 가장자리

▶ 잎몸의 윗부분 모양

▶ 잎맥의 유형

▶ 잎몸의 밑부분 모양

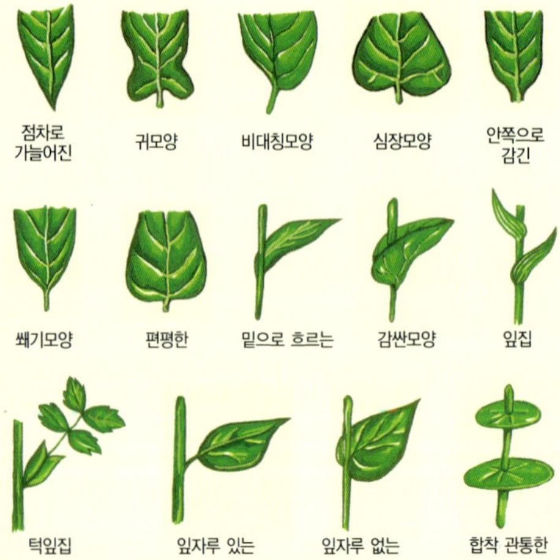


▶ 꽃차례의 유형

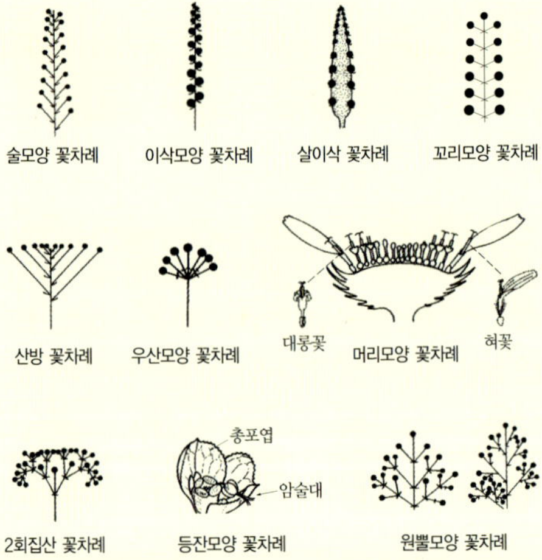

## ▶ 꽃의 유형

## ▶ 열매의 유형

**포간 삭과**
고추나물의 열매같이 열매 속의 각 실 사이의 격벽이 각각 갈라지는 삭과를 말한다.

**개공 삭과**
양귀비의 열매같이 열매 윗부분에 꽃가루를 흩어 퍼뜨리기 위한 구멍이 생기는 삭과를 말한다.

**포주 삭과**
질경이, 뚜껑덩굴의 열매같이 열매 윗부분이 모자모양으로 갈라지는 삭과를 말한다.

▶ 볏과 식물의 용어

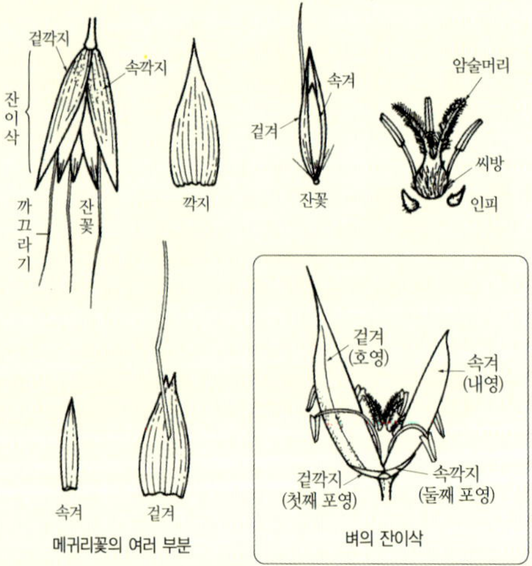


▶ 양치 식물의 용어

# [찾아보기]

주머니에 쏙~

# 봄 꽃식물 찾기

2010년 4월 10일 인쇄
2010년 4월 15일 발행

글 · 사진 / 고경식 · 김명화 · 서재철 · 구자익
펴낸이 : 이정일

펴낸곳 : 도서출판 **일진사**
www.iljinsa.com

140-896 서울시 용산구 효창동 5-104
대표전화 : 704-1616 / 팩스 : 715-3536
등록번호 : 제3-40호(1979. 4. 2)

**값 12,000원**

ISBN : 978-89-429-1145-5